天下‧文化 **35** 週年
Believe in Reading 相 信 閱 讀

不妥協的設計

無印良品的適切生活提案

無印良品の
デザイン 2

日經設計 編
陳令嫻 譯

　　無印良品成立於1980年，當時日本正處於大量生產、大量消費的時代，人人追求更高的附加價值，無印良品卻反其道而行。

　　堅持簡約設計，排除多餘裝飾；從「簡素」之中創造新價值的美學觀念；視克制為佳，選擇「這樣就好」而非「這樣最好」的知性；設計樸素，細節處卻面面俱到——這就是無印良品基本的「思想」。

　　扎根於日本文化與美學的土壤上，誕生三十五年以來，逐漸普及至世界各地。狂熱的無印良品迷遍布全球，現在無印良品的營業額高達三分之一來自日本以外的國家。

　　只要商品具備符合本質的機能、優秀的設計和合理的價格，就能銷售全球——像這樣，無印良品逐漸從日本品牌進化為國際品牌，商業模式從用心製造每一項商品，轉變為設計生活方式和提案新生活型態。

　　無印良品的進化，正處於現在進行式，可以用兩組關鍵字來表示，分別是「Compact Life（適切生活）」和「Micro Consideration（體察細微）」。

「Compact Life」是無印良品在進軍國外時，重新定義長期以來追求的「好感生活」，將其轉化為更容易理解的概念。

「Micro Consideration」則是無印良品開發商品時一貫堅持的注意細節和用心的態度。目前無印良品是名符其實的國際化企業，卻依舊保持不追求華美，孜孜矻矻改良經典商品，維持無印良品一貫風格。

本書為讀者們深入探究，已轉型為國際品牌的無印良品在進化中的改變與不變。因為我們認為無印良品之所以能不斷成長，深受眾人喜愛，理由就隱含在變化與不變中。

此外，無印良品從來不曾以設計師的名字為號召，卻能吸引許多世界知名的設計大師與其合作。本書也採訪了長期以來與無印良品合作的三位大師——康斯坦丁‧葛契奇（Konstantin Grcic）、山姆‧赫克特（Sam Hecht）和賈斯伯‧莫里森（Jasper Morrison），請他們談談無印良品的本質究竟是什麼，提供各位讀者不同角度的觀點。

（日經設計編輯部）

目次

本書包含《日經設計》刊登過的報導，重新增修、編輯過的全新內容。原始報導如下：

第1章
10～33p：2016年3月号「無印良品　進化計画」
34～37p：2016年6月号「Editor's Eye／ニュース＆トレンド」
42～57p：2016年3月号「無印良品　進化計画」

第2章
62～105p：2016年3月号「無印良品　進化計画」

第3章
120～157p：2016年3月号「無印良品　進化計画」

進化 1
Compact Life

無印良品　無印

日本品牌「無印良品」
逐漸普及至全世界。
無印良品不斷進化，
為的是將無印良品的目標
擴展至世界各個角落。

Compact Life

PART 2 思考「收納的位置」

PART 3 思考「收納物品的方式」

PART 4
思考「生活的精彩之處」

PART 1 思考「擁有的方式」

無印良品的全球戰略

向全世界提倡「Compact life」

無印良品追求的目標是「好感生活」，
現在，透過這個名為「Compact Life」的手法，
重新帶領世界走向好感生活。

●無印良品的海外版圖

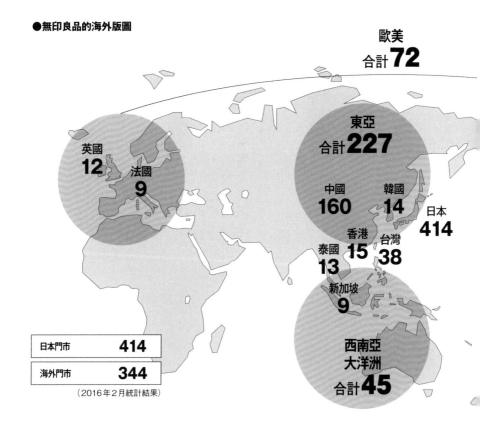

歐美
合計**72**

東亞
合計**227**

英國
12

法國
9

中國
160

韓國
14

日本
414

香港
15

台灣
38

泰國
13

新加坡
9

西南亞
大洋洲
合計**45**

日本門市	414
海外門市	344

（2016年2月統計結果）

良品計畫所經營的「無印良品」全球版圖迅速擴張。2012年2月會計年度結算時，海外事業的營業額僅佔11.6%（總公司與分公司合計）；然而近五年來，海外事業的營業額急速增加，到了2016年2月（譯注：日本的會計年度一般多自4月起算，結算至隔年的3月底，零售業 —— 包含無印良品在內 —— 比較特別，多自每年3月結算至隔年的2月底），海外事業營業額已經高佔整體營業額的35.5%。

從門市數量來看，無印良品已經進軍26個國家和地區。再過幾年，海外門市數量可能就會超過日本國內的門

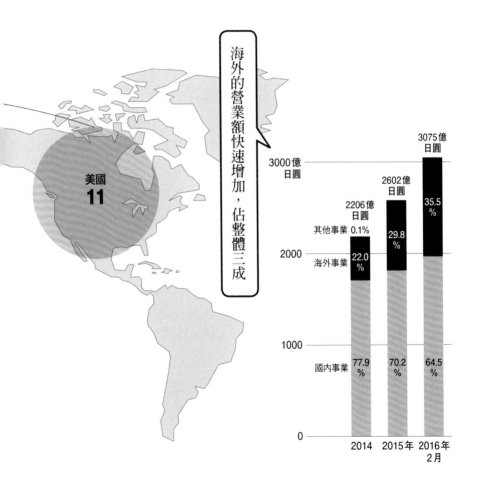

海外的營業額快速增加，佔整體三成

美國
11

其他事業
海外事業
國內事業

	2206億日圓	2602億日圓	3075億日圓
其他事業	0.1%		35.5%
海外事業	22.0%	29.8%	
國內事業	77.9%	70.2%	64.5%
	2014	2015年	2016年2月

3000億日圓
2000
1000
0

市總數,逐漸成爲名符其實的世界級品牌。

爲了擴張海外版圖,無印目前主打的概念是「Compact Life(適切生活)」,以無印良品拿手的「收納」爲主軸,藉由整頓生活、善用設計精簡與通用性高的商品,向消費者提出可如何享有簡單舒適的生活。

創立於1980年的無印良品,長年以來主張的不是「這樣最好」,而是克制的「這樣就好」。然而並不因「這樣就好」就得妥協,透過嚴選素材、檢討製程和簡化包裝的步驟,開發合理又簡潔的商品,提升「就」的水準,實現豐富生活。這樣的思想就是無印良品這個品牌的根基。

也就是說,無須放棄什麼,而是充滿自信的主張「這樣就好」——這樣的生活方式,無印良品長期以來稱之

爲「好感生活」(感じ良いくらし)。

想以充滿自信的「這樣就好」,打造「好感生活」,必要的前提是生活品質已趨成熟,消費者體驗過各類商品和服務,具有判斷需要與否的能力。近年來,新興國家也開始出現這樣的消費者,而且人數越來越多。爲了讓全世界的這類客群更容易理解「好感生活」,無印良品所挑選出來的關鍵字就是「Compact Life」。

確立具體的實現方法

「Compact Life」的概念之所以受到無印良品的重視,是因爲他們2014年11月在香港實施了觀察行動。爲了將觀察消費者生活,並將結果活用於商品開發的「觀察法」推行到海外門市,無印良品從日本派出6名員工,連同香港法人的4名員工,兵分二

路，在4天內觀察了20個香港家庭。

看過香港消費者的生活之後，生活雜貨部企劃設計室長矢野直子表示：「爲了要讓人們在日本鴿子籠般狹小的住宅中，也能過得舒適，無印良品可說是絞盡腦汁，而香港的情況和日本如出一轍。」香港地狹人稠，住宅之擁擠更勝日本。無論是哪一戶人家，屋裡都堆滿了雜物。

在此同時，英國倫敦也做出一樣的調查結果。無印良品與當地的大學生合作，利用觀察法發想、製作畢業作品時，矢野直子發現「有很多學生不約而同的把作品的主題設定爲如何在狹小空間中有效收納物品」。倫敦有很多年輕人由於經濟並不寬裕，只能住在分租公寓，常爲狹小空間的使用感到困擾。

無印良品原本就很擅長「模組設計」（Module Design），統一家具和雜貨的規格尺寸，有助提高收納效率。「無印良品因應日本狹小的居住環境，長期研究如何住得舒適，這些方法也能運用於全世界的各大都會區。」這項發現使得無印良品決定將長年推廣的「好感生活」轉譯爲「Compact Life」，推行至全世界。

無印良品原本就已提出一套由四個步驟組成的具體方法（請參考14～15頁），建議消費者整頓生活空間。首先是從亂七八糟的東西中挑出自己眞正需要的物品（步驟一），接著是找到可有效收納的「容器」（步驟二），訂立簡單明瞭的規則來收納物品（步驟三），最後是在整理乾淨的空間點綴可展現個性或喜好的物品（步驟四），這就是實現無印良品式「Compact Life」的途徑。

無印良品提出的「Compact Life」不只是抽象的概念,而是擁有四個步驟的具體方法。

STAGE **1**

思考「擁有的方式」

只保留需要的物品

Think about
your possessions.

Keep only what
is truly necessary.

STAGE **2**

思考「收納的型態」

計畫融入生活的收納

Think about
the shape of storage.

Plan storage so that it fits
into your life.

STAGE **3**

思考「收納物品的方式」

思考使用方式來收納

Think about
how to store items.

Consider how items are used when
storing them.

STAGE **4**

思考「生活的精彩之處」

享受「季節更迭」和
「在喜歡的事物包圍下」的生活

Think about
enriching your life.

Enjoy your life through changing
seasons and cherished items.

掌握現況
拍下照片
以客觀判斷

Evaluate
Take pictures and look for
unnecessary items.

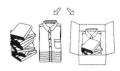

挑選
攤開所有東西，
留下讓你「怦然心動的物品」

Sort
Take out everything and
keep only what excites you.

配置
集中收納，
騰出「自由空間」

Layout
Gather items in one place to
create open space.

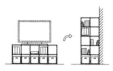

通用性
挑選可以變換尺寸
和用途的收納家具

Stay flexible
Choose storage that allows for
change in size and use.

對齊
消弭「混亂」、
「凹凸」和「零散」

Organize
Eliminate mess, imbalance,
and disorganization.

彙整
根據使用者、目的和位置
開始整理

Arrange
Organize items by user,
purpose, and place.

收納
依照使用頻率與目的
整理，最後加上「標示」

Store
Store by frequency and purpose,
and lastly, label.

Compact Life
利用設計簡潔、通用性高的商品來整頓生活，
發揮居住者的個性，實現「好感生活」

Plan your life using efficient design and highly
versatile products. Achieve a simple,
pleasant life that lets your personality shine.

●無印良品的提案

「好感生活」

進軍全球

「Compact Life」

簡潔的設計

通用性高的商品

整頓生活、發揮個性

以「收納」

為核心的生活提案

「Compact Life」是以無印良品原本就擅長的「收納」為基礎，所提出的生活方式，同時也是具體實踐好感生活的方法。活用各種收納家具，以及設計簡潔與通用性高的商品，提出整頓居家的生活方案。照片中是使用無印良品商品的收納範例。

從設計「商品」進化為設計「生活」
責任愈見吃重的家具配置顧問

無印良品提案生活型態的能力，愈來愈強，
站在設計「生活」最前線的便是家具配置顧問，
無印良品的人才教育也因而持續進化。

　　進軍全球而提出的「Compact Life」概念，代表無印良品將企業主軸轉向「提案全面性的生活方式」。無印良品從成立初始以來，根據「嚴選素材」、「檢討製程」和「簡化包裝」這三項原則，持續開發各種合理簡潔的商品。

　　毫無一絲浪費的簡約設計，吸引無數消費者成為「無印良品迷」。無印良品的商品從生活雜貨、衣物、食品到家具，高達 7,000 個品項。

　　儘管無印良品已經把觸角伸向海外市場，生活雜貨部企劃設計室長矢野直子表示：「人們對無印良品的印象還是偏向生活雜貨。」而成功將形象扭轉為「提案生活與居住方式的品牌」的最大功臣，就是「適切生活」的概念。

　　一直以來，根據獨特的價值觀，無印良品精心設計每一項商品，提供給消費者。若想更上一層樓，就要思考如何活用與搭配商品，才能實現消費者心目中的理想生活藍圖。換句話說，無印良品現在要加強的，不只是商品之類的硬體，提案生活型態的能力等軟體也很重要。

　　強化軟體時，最重要的就是門市中直接和消費者接觸的店員，尤其必須強化他們家具方面的提案能力。因此無印良品現在正在傾力增加「家具配置顧問（Interior Advisor，簡稱IA）」的

家具配置顧問正在接待顧客。無印良品有樂町店趁著2015年9月重新開幕之際，設立「有樂町改建中心」，擴大接受諮詢的空間。

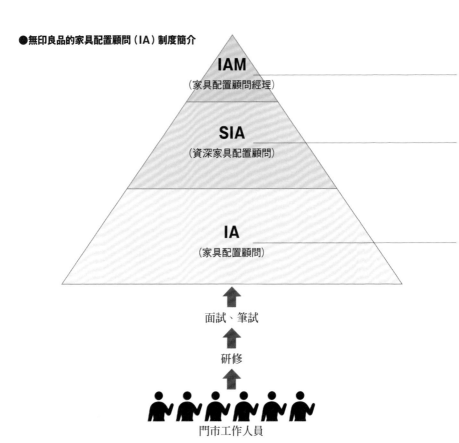

●無印良品的家具配置顧問（IA）制度簡介

IAM
（家具配置顧問經理）

SIA
（資深家具配置顧問）

IA
（家具配置顧問）

↑
面試、筆試

↑
研修

↑

門市工作人員

人數，並提升他們的專業力。

無印良品在2004年引進家具配置顧問制度，目前日本國內共有92人，香港、台灣、韓國和新加坡共有36人，今後還會持續增加國內外各地的家具配置顧問人數。

目標是將IA人數增加至100人

要成為家具配置顧問，必須通過無印良品內部的面試與筆試。考試門檻相當高，每半年大約只有10人及格。另一方面，為了提升員工對家具配置顧問一職的興趣，無印良品也在內部舉辦家具配置相關的研修，每半年約舉辦一次，為期三天，每天的主題分別是「睡（寢室）」、「坐（客廳與餐廳）」和「收（收納）」。每次參加人數約七十人。

9人

負責管理家具配置顧問與對外發布資訊等等

10人

2016年甫成立，全國十個地區各設置一人，負責培訓家具配置顧問。

日本92人
海外36人（香港、中國、台灣、韓國、新加坡）

在各門市負責家具配置的諮詢（包含舉辦家具配置諮詢會之類的活動）

日本國內的計畫是儘速培育100名家具配置顧問，增加海外家具配置顧問的進度也刻不容緩。目前研修活動都是在日本舉行，未來將促成海外分公司也能舉辦研修（人數為2016年2月時的數據）。

工作人員接受家具配置顧問的研修。無印良品規定工作人員成為家具配置顧問後，也必須每半年接受一次技能檢測，用心確保並提升顧問的專業能力。

●一般的3D模擬圖

●精緻的3D模擬圖

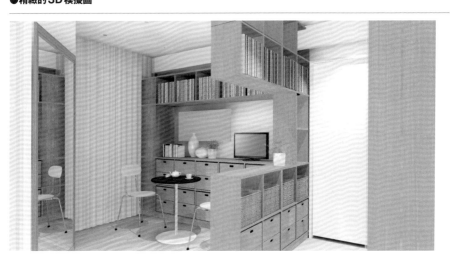

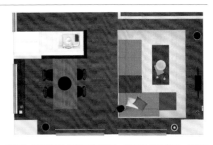

利用「無印良品網路商店」的 3D 模擬圖，當天便能提出空間配置的建議。

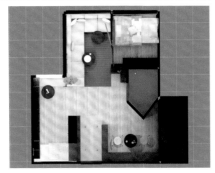

部份門市運用更為精細的 3D 模擬圖，服務法人客戶。

　　無印良品當前的目標，是將日本國內的家具配置顧問增加至100人，因此2016年新增了家具配置顧問的主管職位「資深家具配置顧問（SIA, Senior Interior Advisor）」。無印良品將日本全國畫爲十個區域，每個區域安排一位資深家具配置顧問，負責培育該區域中的家具配置顧問。

　　資深家具配置顧問之上還有「家具配置顧問經理（IAM, Interior Advisor Manager）」，負責管理所有家具配置顧問與對外發布資訊。家具配置顧問經理同時也負責法人客戶，接受辦公室設計等諮詢。目前共有9名經理。無印良品循序漸進建立制度，設立家具配置顧問、資深家具配置顧問和家具配置顧問經理，家具配置顧問經理橫山寬認爲，有助於拓展已經存在，無印良品卻從未接觸到的領域，如辦公室、住宅改建等市場。

　　無印良品爲了支援家具配置顧問，更在門市中準備了兩種3D模擬軟體。一種是有辦「家具配置諮詢會」的門市皆可利用的系統，也是無印良品網路商店上使用的模擬軟體；另一種模擬軟體則是只有無印良品有樂町店和MUJI Canal City博多店等部份大

型門市才有，可提供更為精細的3D模擬圖。家具配置顧問仔細聽取顧客的需求，利用模擬軟體選擇家具並安排配置，提供居家設計服務。

家具配置顧問制度，在數字上的表現極為出色。全年的諮詢案件高達三萬件，其中約有六成與收納相關，非常符合無印良品的風格。每件諮詢所銷售出去的商品價格約為16萬日圓。

因此，社長松崎曉對家具配置顧問制度寄予相當深厚的期望：「2015年的家具配置顧問營業額為42億日圓，2016年度希望可提升至50億日圓。」

開拓住宅改建市場

無印良品拓展新業務時，家具配置顧問也扮演了非常重要的角色。

2015年9月重新開幕的無印良品有樂町店，設有「有樂町改建中心」，負責所有改建案件，相關企業「MUJI HOUSE」也加入，提供與改建相關的服務「MUJI INFILL 0」，不過這項服務僅限部份地區與個人客戶利用。MUJI HOUSE雖然有為法人客戶提供改建服務的經驗，在有樂町改建中心卻是第一次面對個人客戶，因此家具配置顧問服務個人顧客的經驗，就是最有力的支援。另一方面，家具配置顧問的智慧也在開發廚房、地板材質和門把等改建用的建材和家具系列「MUJI INFILL＋」商品時派上用場。

家具配置顧問經理橫山表示：「家具配置顧問的職責，是向客戶提出實現好感生活的建議。最重要的不是銷售商品，而是聆聽顧客的心聲。先了解顧客的希望，思考顧客的需求和挑選商品，提出建議。這點做得好，營業額自然會提升。」

家具配置顧問接待許多顧客後所累積的經驗，對於今後的無印良品是莫大的財富。實現好感生活的方法，除了目前主力的「收納」之外，今後應該還會出現「綠意」、「廚房」等多樣化的手法。

為了讓更多人認識家具配置顧問，
積極舉辦各種宣傳活動

　　原為擴大改造居住環境的業務，並讓消費者更加了解無印良品的「好感生活」與「Compact Life」等目標，無印良品在大型門市積極舉辦諮詢會、講座和對談等活動。然而，消費者對於門市中有家具配置顧問，可諮詢空間配置和收納問題的認知度卻非常低，因此舉辦這些活動還有另一個目的，就是推廣家具配置諮詢服務。

　　2016年11月11日，在無印良品有樂町店舉辦的「整頓生活的收納講座」，共有19名顧客參加，客群從年輕女性、中老年到帶小孩的夫妻，各形各色都有。

　　講座時間約一個半小時，介紹無印良品以收納為主軸的生活提案，同時播放店員實際使用「Compact Life」步驟整頓自家的實際影像，具體示範女性也能輕鬆組裝無印良品的收納家具、模組設計的尺寸恰到好處，編織籃能放進收納櫃等實例。針對聽眾提出「無印良品的商品和其他廠商的收納家具有何不同」等疑問，家具配置顧問經理和顧問也做了非常詳盡的說明。

在無印良品有樂町店舉辦的「整頓生活的收納講座」。

（攝影：丸毛　透）

打造全新經典款商品「1+1=1」

Compact Life 提案中不可或缺的新商品，
無印良品以「1+1=1」的設計概念，
加速開發全新的經典款。

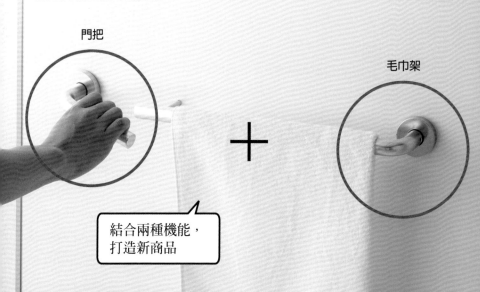

門把

毛巾架

結合兩種機能，
打造新商品

　為了實現Compact Life，無印良品的設計概念也進化爲「1+1=1」，目標是開發出設計精簡，通用性高的商品，目前已經有了15種試作品，預計從2017年度開始上架販售。這些商品同時也是無印良品三年中期經營計畫（自2017年起實施）的一環，定位正是Compact Life 適切生活的象徵。

　「1+1=1」簡單說，就是結合二種不同的機能，打造出一個全新的商品。
　試作品中包含了是門把，也是毛巾架的商品，不但可以掛毛巾，同時也有門把的功能；還有商品同時具有澆花器與除溼機的功能，具有光電功能的磁磚內建感應器，人靠近時LED燈會自動亮起。另外，還結合了投影

左：結合門把與毛巾架的試作品，毛巾架同時也有門把的功能。

右：是澆花器，也是除濕機。澆花器內建除濕機，從空氣中吸收的水分可以直接用來澆花。

除溼機

澆花器

+

機與層架、冰箱與層架的商品。透過不同機能的組合，拓展商品開發的可能性。

生活雜貨部企劃設計室長矢野直子表示，雖然到目前為止，無印良品也曾推出類似精神的商品，但以前並未明確意識到1+1=1的概念；如今不只是單純改良現有的商品，而是要回歸無印良品開發的原點。「現階段的試作品還有許多細節尚待修正，希望它們日後都能成為無印良品新的經典商品。」

一個人負責想50個點子

「1+1=1」概念的起點，正是2014年11月無印良品在香港舉辦的觀察行動。從當時的觀察結果導出的關鍵字是「Compact Life」，而具體實現Compact Life的設計概念，就是「1+1=1」。

廚房用的層架結合冰箱,打開下方的門,裡面就是冰箱。

層架

冰箱

負責開發商品的生活雜貨部企劃設計室在2015年7月開始著手商品化。21位設計師依據商品的分類，分織品、家飾和文具等不同的組別，每個人必須提出40到50個點子，不過點子不受限於所屬組別的領域。從所有提案中挑選出300個點子，包含商品策略人員在內的所有參與者，在點子的設計圖旁，以便利貼投票。在這個階段，就算是得票數不多的點子，只要是有發展性，都有機會繼續討論。經過這樣的過程，最後只有15個點子獲選，進入試作品的階段。今後有多少試作品可以達到正式商品化的階段，端看無印良品怎麼規劃了。

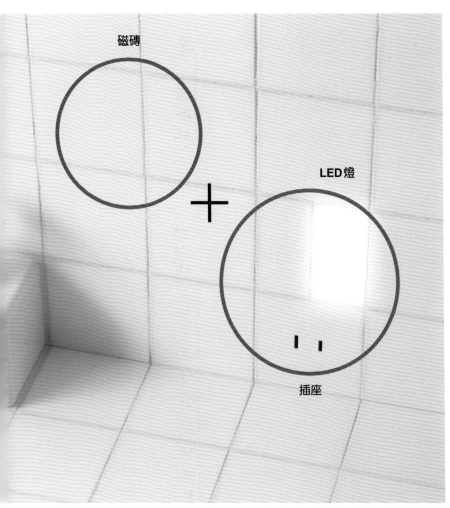

磁磚

LED燈

插座

結合插座的磁磚試作品。磁磚中嵌入LED燈與人體感應器，感應到人時插座附近便會自動發光。

無印良品打造的辦公室

職場也需要好感

無印良品以「職場也需要好感」的概念，
提出史無前例的辦公室環境設計，
同時開發了以日本國產木材製作的辦公室家具。

經營無印良品這個品牌的良品計畫，與內田洋行共同合作，活用日本國產的木材，為法人客戶提供打造辦公室的服務。雙方共同開發了4種新的辦公室家具，無印良品擅長收納與提案「好感生活」，內田洋行設計辦公室的綜合能力很好。彼此貢獻所長，一同推動「以國產木材打造辦公室」的提案活動。

無印良品至今的人氣，都是來自個人消費者，提供他們造型簡約、機能優秀的商品和服務，今後的目標則是將客群擴展至法人；內田洋行則是希望能解決「現有的辦公室家具，無法徹底滿足客戶需求」的問題。

例如，企業與教育機構越來越重視用於溝通的會議室和休息室的舒適度，木材因為可以提升舒適度，因此備受注目。另一方面，日本政府為了擴大國產木材的需求，於2010年訂定了促進公共建築使用木材的相關法規，積極推動國產木材的市場。

雙方共同開發的四種辦公室家具，分別是層架、會議桌、工作桌和長椅，特色是使用了以國產杉木裁切後剩餘的邊材加工而成的「木製中空板」，有效利用這些原本只能用來做免洗筷、木屑或燃料的木材。

層架尺寸配合無印良品的收納相關商品所設計，因此無印良品的檔案盒與PP盒放上去都剛剛好。除了收納用品之外，室內佈置也活用了無印良品的燈具、植物和書籍等商品，以「職場也需要好感」為概念，推出前所未有的辦公室環境。

新商品發表會的反應相當熱烈，因此雙方也考慮繼續開發其他可額外選購的配件。

以國產木材製作的辦公室家具打造辦公室。平常手會直接接觸到的辦公桌桌面和層架的板子,都採用國產木材做的中空板。層架尺寸配合無印良品的收納用品設計,辦公室散發著天然木材的香氣。

原木 → 裁切 →

心材 ⟶ 用來做柱子等建材

邊材 → 加工 → 壓縮 → 做成長椅、桌子和層架

木製中空板的原料是原木裁切後剩餘的邊材。為了永續經營林業，開拓國產木材的市場，是迫在眉睫的重要課題。

「好感生活」新提案

三位設計師創造的「MUJI HUT」

無印良品提出令人驚喜的新點子「MUJI HUT」
—— 到了週末，讓人遠離塵囂，走進大自然的小屋。
世界級設計師的「MUJI HUT」不久之後將會正式商品化。

　　為了提倡「好感生活」，無印良品不只生產雜貨、衣物與食品，也推出住宅，持續製造日常生活中所需之物的理念，反過來也可以說，無印良品堅決不製造生活中不需要的物品。

　　堅決只提供優質生活用品的無印良品，在2015年推出了新商品的原型「MUJI HUT」。這不是一般住宅，而是小巧樸素的小屋，負責設計小屋的是三位鼎鼎大名的設計師 —— 深澤直人、賈斯伯‧莫里森和康斯坦丁‧葛契奇。

　　為什麼要推出小屋呢？因為無印良品以自己的方式掌握到了時代與消費者的變化。

　　日本現在沒人住的空屋不斷增加，開始出現以低廉的價格購買或是租借空屋的聰明消費者，依照自己的喜好來改造空屋居住。另外，假日到郊外親近大自然的生活方式，愈來愈受年輕族群的歡迎，形成一股風潮。

　　對於這種現代人認定的「好感生活」，無印良品原已推出改建住宅的商品和服務，現又更進一步推出位於郊外，方便讓人親近自然的「小屋」，這就是「MUJI HUT」的由來。

　　無印良品並未提出任何限制，將小屋的設計全權交給三位設計師自由發揮，唯一只請葛契奇設計師將小屋的面積控制在10平方公尺以下。這三棟小屋從2015年發表的原型改良後，已於2017年正式在日本上市。

　　「獨處的時間」、「樂在讀書」和「與家人一同接近大自然」—— 無印良品的新好感生活，今後仍備受矚目。

上：「木之小屋」── 深澤直人設計。兩個人住剛剛好，特色是黑漆處理的杉木和黑色鍍鋅板的屋頂。
下：內裝簡約，全以木材打造，窗戶寬敞，充滿開放感。

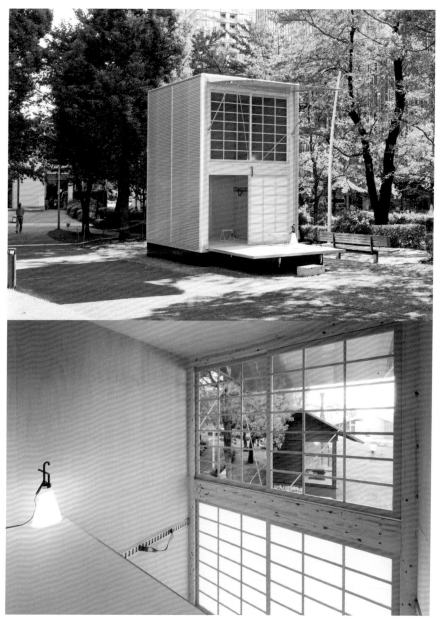

上：「鋁之小屋」—— 康斯坦丁・葛契奇設計。活用卡車貨斗的零件和技術。
下：挑高空間中設置閣樓，格外顯得寬敞。

上：「軟木小屋」——賈斯伯‧莫里森設計。MUJI HUT中最大的小屋，寬敞的緣廊可拉近室內與自然的距離。　下：小屋中鋪滿榻榻米，最適合和家人悠閒享受週末。

MUJI COMPACT LIFE IN HONGKONG

在香港舉辦「收納」主題展

「Compact Life」是最適合香港的主題，
活動不但大獲媒體與民眾的好評，
家具配置顧問也發揮所長，大展身手。

　　無印良品爲了將「Compact Life」推廣到全世界，2015 年 11 月配合香港設計週，舉辦了「MUJI COMPACT LIFE IN HONGKONG」的活動，由無印良品的工作人員造訪香港的一般家庭，除了觀察家庭環境之外，還在聽取居住者的不滿與需求後，提出改造建議並實際施工，最後在展覽會上發表成果。爲期十天的展覽吸引了許多消費者與媒體的關注。

　　獲選爲改造對象的，是二十組觀察對象中的一個家庭。室內面積約 40 平方公尺，居住成員是三名成人。由無印良品香港與日本的工作人員一起進行諮詢，傾聽屋主「目前生活中的問題」、「喜歡的地方」和「理想的住處」等意見，再活用無印良品的收納手法和家具，配合屋主的需求，整頓家中環境。

　　這個專案對無印良品確立「Compact Life」的具體方法，有很大的貢獻。隸屬於生活雜貨部企劃設計室的加藤晃表示，透過專案同事之間反覆討論何謂具體的「好感生活」，最後達成的共識是「好感生活」很難用一句話表達，「壞感生活」卻有共通點，並做出「整理亂七八糟的房間和解決無法馬上找到東西時的煩躁情緒，正是無印良品的價值」之結論。

　　家具配置顧問新井亨也指出，此案的另一個目標是提升香港家具配置顧問的專業能力，香港的工作人員也確實在協助改造家庭與日本同事溝通的過程中，學到很多關於「Compact Life」的 know-how。

　　改造後的房屋煥然一新，也獲得當地媒體大幅報導，對提升無印良品的形象也大有助益。

在香港舉辦的「MUJI COMPACT
LIFE IN HONGKONG」吸引許多當
地的媒體前來仔細的採訪。

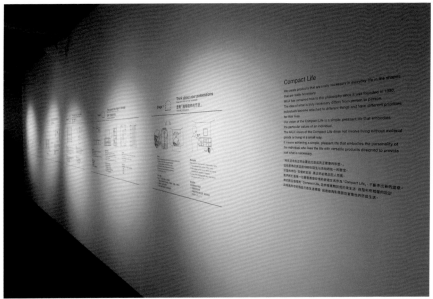

「MUJI COMPACT LIFE IN HONGKONG」中介紹了「Compact Life」的方法。無印良品認為以「收納」為主軸的生活提案，全世界的消費者都能接受。

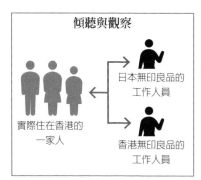

傾聽與觀察

日本無印良品的
工作人員

實際住在香港的
一家人

香港無印良品的
工作人員

請住在香港的一家三口協助，讓工作人員反
覆觀察與傾聽屋主心聲後，著手改造。

Before

改建之前的家中情況
收納功能不便，狹小的空間塞滿了東
西，鞋櫃放不下女兒收藏的鞋子。

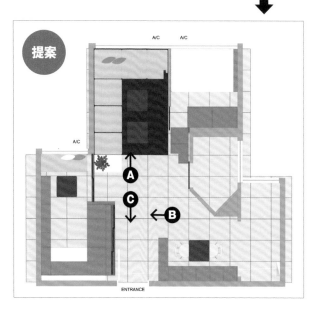

提案

A/C   A/C

A/C

A

C

B

ENTRANCE

工作人員提出建議的改造方
案，牆邊增加收納用的家具，
讓屋內空間看起來更寬敞。

After

A 改造後的家中情況

A：家中成員最喜歡的客廳變得清爽

B：女兒收藏的鞋子得已整齊的收進鞋櫃裡

C：從客廳望向玄關的模樣。右手邊是女兒的房間，左手邊是
夫妻倆的房間，玄關旁是餐廳。

中國，接下來是美國 —— 無印良品進軍國際

2015年5月，松崎曉就任良品計畫的代表取締役，
2016年2月結算的年營業額為三千億日圓，其中海外營業額超過一千億日圓，
因此這次專訪就來聽聽無印良品如何打進海外市場。

Q：無印良品不做海外市場調查嗎？
A：我們相信只要商品具備符合本質的機能、優秀的設計和合理的價格，就能行銷全球。

松崎：無印良品進軍國外時，不做市場調查，從來不曾因為「這個國家大概有這麼多消費者，所以去這裡展店吧」。因為我們提供的商品是日常生活中使用的，而非特殊場合。我們相信提供所有人早上起來便會不自覺使用的生活用品，以及商品本身具備符合本質的機能、優秀的設計和合理的價格，到哪裡都能大賣。

Q：無印良品在國外是高級品牌嗎？
A：無印良品無意成為高級品牌。

松崎：由於各國經濟發展的程度不盡相同，有些國家的消費者確實是把無印良品當成名牌來購買。

但是無印良品本身並不追求高級品牌的定位，也不覺得該把自己定位為高級品牌。畢竟無印良品成立之初的理念就是「反名牌」，省略多餘的機能，以親民的價格提供顧客日常生活用品，再怎麼說，我們的定位都是貼近顧客的生活。

不過，還是要物質生活達到一定水準的人，才會了解「原來這樣就好」，進而體會無印良品真正的優點。我認為這是很重要的一點。

無印良品1980年成立時主打的文案是「有道理的便宜」，因此合理的價格非常重要。然而，賣到海外避不開關稅與物流費用，導致海外門市的訂

良品計畫
代表取締役社長（兼）執行役員

松崎 曉

Satoru Matsuzaki ● 1945 年 生 於 千
葉縣，1978 年 中 央 大 學 法 學 系 畢
業，進入西友 STORE（目前的合同
會社西友）就職。2005 年進入良品
計畫，擔任海外事業部亞洲地區部
長，歷任香港分公司代表等職後，
2015 年起擔任現職，長期負責海外
市場。目前良品計畫的海外事業部一
共有三組，分別是歐美、東亞、西亞
與大洋洲。

（49、56 頁攝影：谷本 隆）

「只要商品具備符合本質的機能、優秀的設計和合理的價格，就能在全球各國熱賣」

松崎　曉

價必定高於日本，但是我們不會因此妥協，常常站在全球市場的角度來調整價格。像是在中國，我們主打「世界品質，中國價格」，也是持續的調整價格。雖然沒有明訂為策略，不過最終還是希望能統一海外與日本門市的售價。

Q：日本和海外市場的熱賣商品，有什麼不一樣嗎？
A：熱賣商品都一樣，無印良品的價值是全球共通的「一般」。

松崎：目前海外觀光客帶來的內需市場逐漸擴大，中國和日本的熱賣商品幾乎一樣。懶骨頭沙發在全世界大獲好評，超音波芬香噴霧器、撥水加工有機棉球鞋、行李箱和文具也是全球熱賣商品。由於無印良品提供的是造型簡約的商品，價值正是全球共通的「一般」。但是各個國家和地區的生活方式畢竟還是有差異，例如在中國熱賣排行前十名的水壺，因為中國人喜歡的水壺尺寸是日本的二倍大，因此今後會將水壺的容量和尺寸在地化。

Q：無印良品計畫何時啟動商品在地化？
A：目標是從 2017 年開始。

松崎：目前無印良品從未做過商品尺寸等等的在地化。2014 年度到 2016 年度的中期經營計畫目標是打造全球通用的制度，藉由全球門市都販賣一樣的商品來提升效率。下一步則是針對各國消費者的需求，做出各別的對應。各國法人都需要類似「生活良品研究所」的制度，和顧客透過網路雙向溝通。

另外，無印良品的市場調查和宣傳基本上都是透過門市執行。我們很幸運，門市員工都是打從心底喜歡無印

良品的人，調查的基礎建立於員工與顧客面對面對話，其次則是利用生活良品研究所之類的方式來收集意見。

在地化應該會從中國開始，屆時希望能由了解當地生活與相關知識的顧問來負責。雖然還有許多課題尚待解決，不過計畫從2017年開始推動。

Q：繼中國之後，無印良品第二重視的海外市場是哪裡？
A：美國。

松崎：目前海外事業部的營業額與利潤，多半穩定的來自中國、香港、台灣和韓國等東亞地區。接下來預定在中國的北京、廣州、深圳等主要城市建立世界旗艦店；香港現有佔地超過1,000平方公尺的門市；台灣和韓國也已經推出了旗艦店，我們預計接下來在這些國家每年新開一到二家門市，暫不考慮大型旗艦店。

另一方面，西南亞和大洋洲地區則考慮在新加坡挑戰世界旗艦店。

繼中國之後，另一個我們重視的市場是美國。今年歐美地營業額最高的雖然是英國，2007年才在百老匯大道推出第一家門市的美國，如今已經成長為歐美地區營業額第二名。

美國是全球最大的零售業市場，特

別是紐約，聚集了來自全世界的消費者。無論是集客力還是購買力，都緊追在中國之後。無印良品過去從未在美國的購物中心展店，2015年的史丹佛購物中心（Stanford Shopping Center）店是第一家開在購物中心裡的門市。另外，紐約的第五大道也推出佔地超過1,000平方公尺的旗艦店，營運得非常順利。有了這些成功案例，我們認為可以更加積極的在美國展店了。

Q：培育人才的方式有所改變嗎？
A：計畫提升家具配置顧問的能力。

松崎：無印良品的商業模式與目標，就是向消費者提案生活方式，而不只是提供單一商品。因此計畫加強改造和收納等與空間相關的商品與服務，為消費者打造生活中的各種場景。

為了滿足消費者的需求，不可或缺的當然是人才訓練，所以我們加強對於家具配置顧問和經理的教育訓練。家具配置顧問的營業額在2015年度下半年就達到22億日圓，全年度的總金額高達42億日圓。

銷售部門的目標是在2016年度將家具配置顧問的銷售額提升至50億日圓。因此我們將會繼續加強教育，培育更多專業人才。

●無印良品的海外新門市數量

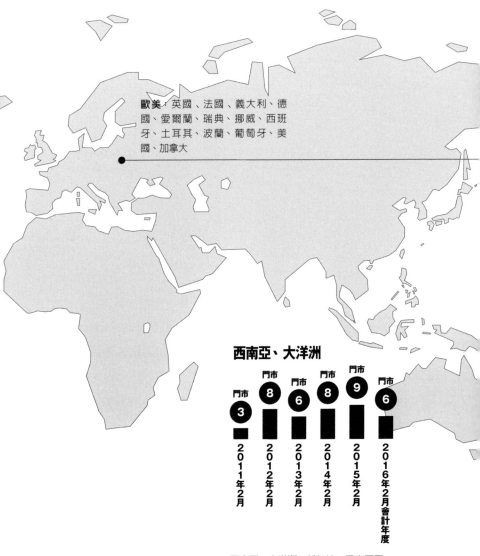

歐美：英國、法國、義大利、德國、愛爾蘭、瑞典、挪威、西班牙、土耳其、波蘭、葡萄牙、美國、加拿大

西南亞、大洋洲

門市 **3** 2011年2月
門市 **8** 2012年2月
門市 **6** 2013年2月
門市 **8** 2014年2月
門市 **9** 2015年2月
門市 **6** 2016年2月會計年度

西南亞、大洋洲：新加坡、馬來西亞、泰國、印尼、菲律賓、科威特、阿拉伯聯合大公國、澳洲

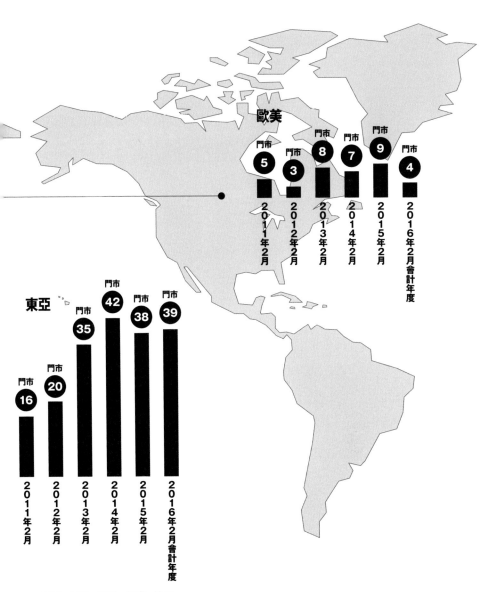

歐美

門市 **5**
二〇一一年二月

門市 **3**
二〇一二年二月

門市 **8**
二〇一三年二月

門市 **7**
二〇一四年二月

門市 **9**
二〇一五年二月

門市 **4**
二〇一六年二月會計年度

東亞

門市 **16**
二〇一一年二月

門市 **20**
二〇一二年二月

門市 **35**
二〇一三年二月

門市 **42**
二〇一四年二月

門市 **38**
二〇一五年二月

門市 **39**
二〇一六年二月會計年度

東亞：中國、香港、台灣、韓國

無印良品2015年12月在中國上海市的購物商區淮海路推出了「無印良品　上海淮海755」屬於世界旗艦店，是中國佔地最大的門市。店裡設有上海第一間「Cafe & Meal MUJI」，從開幕以來便天天大排長龍。

第2章

進化 2

Micro Consideration

無印良品製造的是

日常生活不可或缺之物。

經常檢視這些物品，

配合時代持續琢磨改進，

這就是無印良品的「體察細微（Micro Consideration）」。

外觀不變，內在持續進化

無印良品總是在看不見之處不斷進化。
就算顧客不會發現，仍持續改良經典商品，
這就是無印良品之所以為無印良品的原因。

　　無印良品商品的共通點，就是排除多餘的機能和華美的裝飾，只保留必要的本質。而看穿本質的眼力 ——「體察細微」，就是細心考量，注意細節。孜孜矻矻的琢磨改良經典商品，正是無印良品最大的特色。每一款長銷人氣商品都建立於「體察細微」的基礎之上。

　　附床板彈簧床墊也不例外。從躺臥舒適度、乘坐舒適度到清洗維護的方便性，無印良品反覆在消費者看不見的細節下工夫。

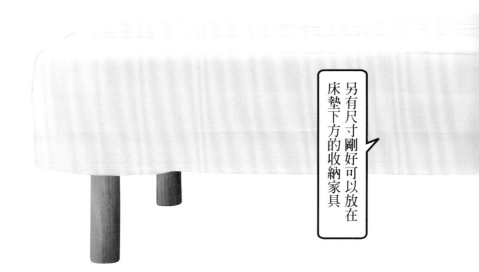

另有尺寸剛好可以放在床墊下方的收納家具

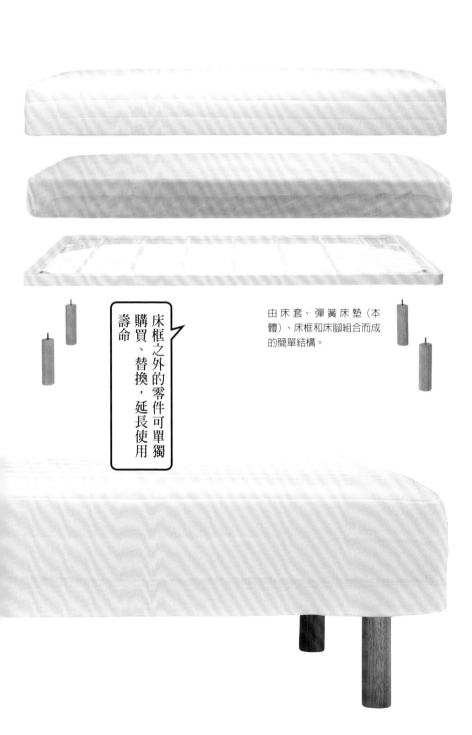

由床套、彈簧床墊（本
體）、床框和床腳組合而成
的簡單結構。

床框之外的零件可單獨
購買、替換，延長使用
壽命

無印良品1991年首次推出附床板彈簧床墊，當時用的是傳統聯結式的彈簧。床墊中的螺旋狀彈簧，從水平方向串連，所有彈簧彼此連結，可以分散施加在同一部位的壓力，因此無須使用大量彈簧，達成合理的定價。床框以木材製成，床墊與床腳合為一體，無法拆解，就像「有腳的床墊」（譯注：附床板彈簧床墊的日文商品名稱就是「附床腳的床墊」）。

改良「躺臥」「乘坐」「清洗」等功能

到了2002年，改良成和一般床鋪差不多的結構，床墊、床腳和床框皆可分開。這樣做的優點是床墊可以翻面，消費者也能自由更換床墊和床腳。2005年時開發了獨立筒彈簧的床墊，裡面排滿了放在筒狀不織布裡的彈簧。

相較於用「面」支撐身體的傳統聯結式彈簧，獨立筒彈簧則是以「點」來支撐身體。傳統聯結式彈簧由於是橫向連結，二個人一起睡時，其中一方翻身的晃動會傳到另一邊。

獨立筒彈簧由於每個彈簧分開，因此不易傳達橫向搖晃，但是因為床墊中必須排滿獨立筒彈簧，所需的彈簧數量比傳統聯結式多出一倍以上，所以價格較為昂貴。為了讓消費者依需求和預算自由選擇，因此無印良品將這兩款床墊同時納入此系列中，展現隨時站在生活者角度思考的態度。

在這之後，附床板彈簧床墊仍持續改良，例如2006年，由於發現在很多消費者的家中，附床板彈簧床墊不只是睡覺用的床鋪，也兼具沙發般的功能，經常靠坐在上面，因此無印良品在床墊邊緣改用較硬的彈簧，以加強支撐，即使坐在床邊也不容易塌陷。

2008年時把整張床的彈簧分成三種硬度，邊緣最硬，內側最軟，躺臥時的腰部位置則配置軟硬恰到好處的彈簧，排列起來就像是一個「日」字型一樣。藉由支撐脊椎，避免腰部過度陷入床墊，提升睡眠時的舒適度。

2011年之前的床墊，外層表布是在不織布上方，加一層壓紋加工的聚酯棉纖維，因此無法水洗。2011年起換

成更強韌的聚酯纖維，在一般家庭可用洗衣機輕鬆水洗。

大幅改良，使用鋼製床框

無印良品於2014年對附床板床墊，做了前所未有的大幅改良：由木製床框改為鋼製，整體高度不變，但卻可縮小床框厚度，也因此傳統聯結式的彈簧高度可增加一公分。小小的一公分，卻大大提升了睡眠時的舒適度。

另一方面，獨立筒彈簧床墊則是在床板中央加上了木製魚骨板，增強彈性。到了2015年，改為整張床墊下方皆鋪設木製魚骨板，睡眠時的舒適度更為提升。

床墊套也變得更加容易清洗。雖然2011年時已將床墊套改為可水洗的材質，但固定方式卻沒有改變。原本是利用環繞床套底部和床框側面的魔鬼氈，固定床墊套，無論是要拆下來或裝回去，都得費上一番力氣，女性使用者難以單獨作業。新一代商品則是將床套加上16條帶狀魔鬼氈，可直接捲在床框上固定，讓拆裝床墊套的作業頓時變得輕鬆許多。

床腳的強度也配合鋼製床框而提升，共有三種木製床腳可供選擇，分別是12公分、20公分和26六公分。消費者若選用26公分高的床腳，床底下便能收納高度24公分的PP衣裝盒，將床墊下方改造為收納空間。

隨著2014年這一次的大幅改良，也改良了附床板床墊的生產流程。原本從床套到床框都是在同一間工廠製造。自從床框改為鋼製後，多了焊接的工程，導致製造過程必須分工，因此無印良品重新檢討製造流程，將縫製床套、製造彈簧到焊接床框等作業分別交給擅長該領域的工廠。

儘管附床板床墊從1991年上市以來，經歷過各種改良，第一代商品和現在門市銷售的商品在外觀上卻難以分辨。有許多消費者用過之後，會再來購買第二組、第三組附床板床墊，新款和舊款可以毫無違和的擺在一起使用。無印良品的經典商品，之所以能讓人用得安心，就是因為「改良卻不改變」。

● 「附床板床墊」改良史

1991（年）
床墊與床框合為一體的附床板彈簧床墊問世

1996~1998
推出四種尺寸（小型、單人、小型雙人和雙人）的床墊，以供消費者挑選

2002
床墊可換面使用，床腳和床墊的零件可以更換

2005
推出獨立筒彈簧床墊

2006
依據安裝的位置而採用不同硬度的彈簧

2008
調整彈簧的位置，改善睡眠時的舒適度

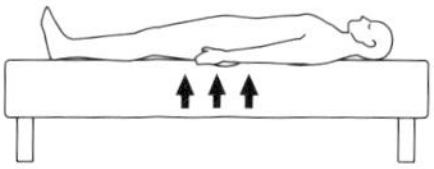

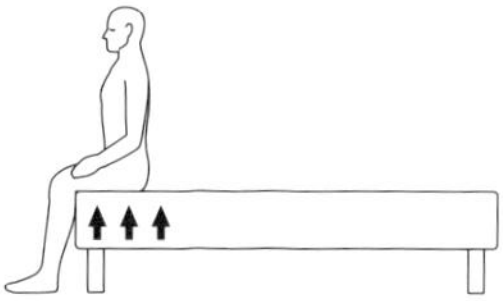

2005

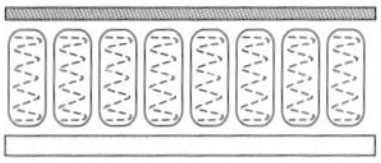

推出把彈簧包覆在一個個袋子裡的獨立筒彈簧床墊

2008

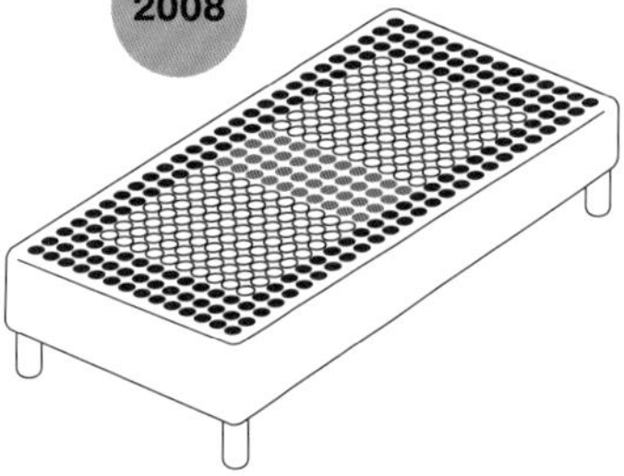

由於許多人會像坐沙發一樣的坐在床上，因此在床墊邊緣配置較硬的彈簧，加強支撐。

3種硬度的彈簧分別安裝在不同位置，提升躺臥與靠坐時的舒適度

1991

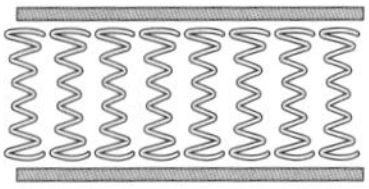

最早的商品採用的是傳統聯結式彈簧

2011

床套內側的材質由不織布改為聚酯纖維,因此可以洗滌

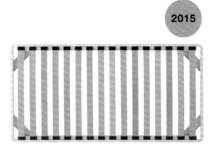

2015

2
0
1
1

2
0
1
4

2
0
1
5

改變床墊結構,床套可拆下洗滌

改變床套的固定方式
腰部改用木製魚骨板
床框由木製改為鋼製

床墊下方的床板全部改為木製魚骨板

獨立筒彈簧床墊的床框全部改為木製魚骨板,提升床墊彈性

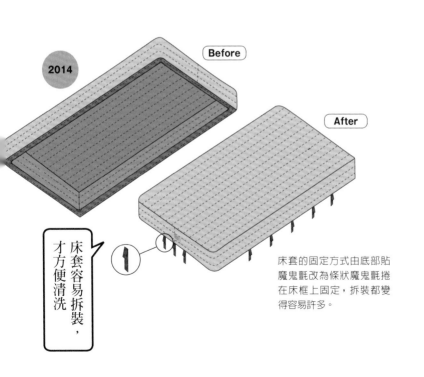

2014

Before

After

床套容易拆裝,才方便清洗

床套的固定方式由底部貼魔鬼氈改為條狀魔鬼氈捲在床框上固定,拆裝都變得容易許多。

不易刺癢可水洗高領毛衣

不斷改良經典款，造就針織衫新標準

脖子不易刺癢、可水洗高領毛衣的人氣歷久不衰，
自從 2009 年上市以來，不斷反覆改良。
無印良品的風格，就是不會因為熱賣而停止改良。

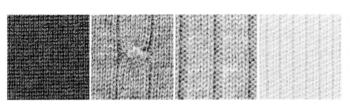

剛開始推出的毛衣只有羅紋編法，2012 年之後開始增加織紋的變化。

「因為脖子會刺癢，所以不喜歡高領毛衣」聽到顧客這樣的心聲，無印良品開發出「不易刺癢可水洗高領毛衣」，自 2009 年問世以來，就是無印良品的經典商品。

其實在 2009 年之前，高領毛衣就已經賣得很好，但是無印良品為了更加貼近消費者需求，在 2006 年左右決定要徹底改良高領毛衣。無印良品的精神 ——「持續琢磨改良經典商品」在此展露無遺。

詢問不穿高領毛衣的消費者，發現原因大多是「脖子會刺癢」和「討厭悶熱的感覺」，因此無印良品開始研發脖子不會刺癢，穿了不易悶熱的高領毛衣。

改良的最大重點就是改變身體與脖子部位的材質。新款毛衣的身體部位使用 100% 的羊毛，脖子部位則是半棉半聚酯纖維的混紡，這種名為「COOLMAX」的聚酯纖維，能讓脖子不覺得刺癢，穿起來也不悶熱。

身體部位使用羊毛，脖子
處則為50%的棉混50%的
聚酯纖維，單從外觀看不
出來是不同的材質。

高領拉起來的樣子，特色
是不同材質的交接處縫合
得很完美，穿著時可確保
平順。

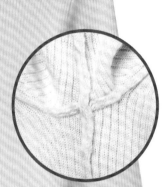

開發過程中最困難的挑戰是顏色，
由於同一件毛衣在脖子和身體部位使
用了不同的材質，很難染出一樣的
顏色。良品計畫的衣服雜貨部企劃設
計室長永澤三惠子回想當時的狀況
表示：「無論是開發棉與聚酯纖維混
紡，還是統一羊毛與混紡紗的顏色都
十分困難，一再失敗。」

新款毛衣甫推出時，第一個年度就
賣出十萬件。儘管商品熱賣，卻出現
脖子、肩膀與腋下等縫合處綻線等瑕

舊款毛衣的腋下縫合處容
易綻線。新款不只改善了
縫合強度，同時還維持穿
著舒適度。

●「不易刺癢可水洗高領毛衣」改良史

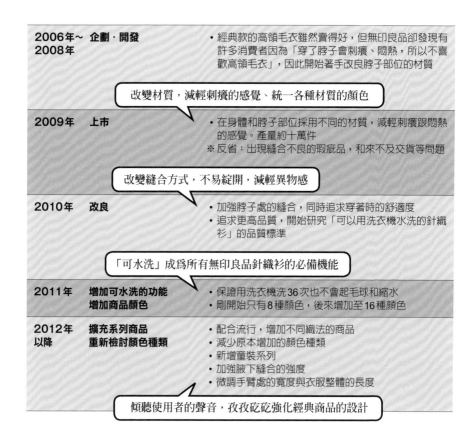

| 2006年～2008年 | 企劃・開發 | ・經典款的高領毛衣雖然賣得好，但無印良品卻發現有許多消費者因為「穿了脖子會刺癢、悶熱，所以不喜歡高領毛衣」，因此開始著手改良脖子部位的材質 |

改變材質，減輕刺癢的感覺、統一各種材質的顏色

| 2009年 | 上市 | ・在身體和脖子部位採用不同的材質，減輕刺癢跟悶熱的感覺。產量約十萬件
※反省：出現縫合不良的瑕疵品，和來不及交貨等問題 |

改變縫合方式，不易綻開，減輕異物感

| 2010年 | 改良 | ・加強脖子處的縫合，同時追求穿著時的舒適度
・追求更高品質，開始研究「可以用洗衣機水洗的針織衫」的品質標準 |

「可水洗」成為所有無印良品針織衫的必備機能

| 2011年 | 增加可水洗的功能
增加商品顏色 | ・保證用洗衣機洗36次也不會起毛球和縮水
・剛開始只有8種顏色，後來增加至16種顏色 |

| 2012年
以降 | 擴充系列商品
重新檢討顏色種類 | ・配合流行，增加不同織法的商品
・減少原本增加的顏色種類
・新增童裝系列
・加強腋下縫合的強度
・微調手臂處的寬度與衣服整體的長度 |

傾聽使用者的聲音，孜孜矻矻強化經典商品的設計

疵，生產管理部門因而進入工廠著手改善，加強縫合，以杜絕綻線，並保持平順的觸感，確保商品的品質。

排除瑕疵之後，改良未曾停歇。高領毛衣最大的變化是2011年時，在商品名稱中加入「可水洗」的字樣。永澤室長表示，當時重新挑選了可用家庭洗衣機輕鬆清洗的材質與縫合方式，制定出無印良品「用洗衣機洗滌36次，也不會起毛球和縮水」的針織衫可水洗標準。現在幾乎不再收到顧客退回的瑕疵品，永澤室長認為「退貨率降低，代表顧客支持無印良品永不停歇的改良」。

活用素材,打造新・經典款

　　無印良品也很用心開發新的素材。例如把原本用於醫療用品和嬰兒服的紗布,轉用於成人衣物,開發原創的紗織素材。

　　2006年推出的「二重紗織」襯衫與洋裝,甫上架便創下佳績,原因就是輕巧柔軟,風格獨特。

　　在那之後,又陸續推出睡衣和披肩等商品,現在二重紗織已經成為無印良品基本款的素材了。2016年春夏一共推出36款商品,預估營業額會比前一年增長6成,達到13億日圓。

　　此外,從2000年左右開始,無印良品積極使用有機棉。現在包含二重紗織在內,有九成的棉製品都是採用有機棉。也因為無印良品努力開拓新的有機棉產地,並長期持續採購之故,所以訂價合理。

●衣物開發與改良過程

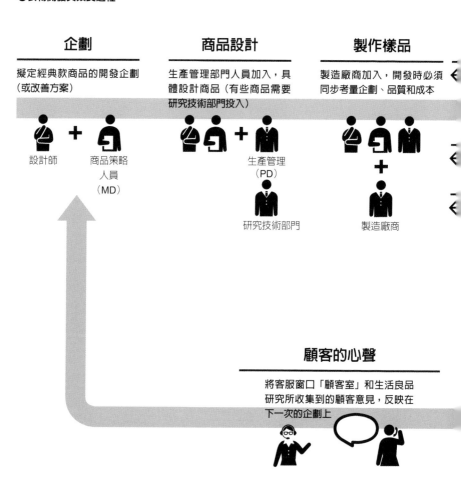

企劃

擬定經典款商品的開發企劃
（或改善方案）

設計師　＋　商品策略
人員
（MD）

商品設計

生產管理部門人員加入，具
體設計商品（有些商品需要
研究技術部門投入）

生產管理
（PD）

研究技術部門

製作樣品

製造廠商加入，開發時必須
同步考量企劃、品質和成本

製造廠商

顧客的心聲

將客服窗口「顧客室」和生活良品
研究所收集到的顧客意見，反映在
下一次的企劃上

風險評估

品質保證部門和顧客室評估風險

 STOP

顧客的心聲

顧客室和生活良品研究所收集顧客意見

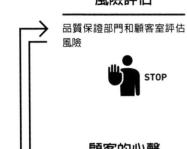

完成、販售

試用

在公司內外舉辦試用活動（活用生活良品研究所與研究技術部門等）

 Test

直角襪

腳踏實地持續改良，躍為無印良品的代表商品

直角襪，也是無印良品的經典商品之一。
顧客也許未曾注意到改良前後的改變，
無印良品依舊堅持每年進行微調。

無印良品於2006年推出「直角襪」，這款襪子的外型正如其名，腳跟部位呈現90度直角，符合人體的形狀，穿上鞋子時不容易鬆脫，徹底包覆雙腳，穿起來非常舒服。直角襪有許多愛好者，是無印良品極具代表性的商品。

直角的點子究竟是從何而來的呢？良品計畫衣物雜貨部雜貨MD開發石川和子表示，靈感來自2006年遇見的一位捷克老奶奶，她親手編織的襪子彎曲的角度，跟人類的雙腳一樣是90度。比起一般腳跟處呈現120度的「香蕉形襪子」，穿起來舒服多了。

經歷四次大幅改良

為了讓更多人體驗到穿上這雙襪子的舒適感，無印良品展開前所未有的挑戰──用機器重現手工編織的直角襪。製作樣品的過程中，和工廠保持密切的溝通，嘗試了十幾次才做出滿意的樣品。

由於穿著時的舒適感，直角襪瞬間成為熱賣商品，大受好評，自2010年起無印良品的所有襪款都改成直角。但是無印良品開發襪子的終點，並非做出「直角」而已。為了追求更加舒適的穿著感，無印良品從未鬆懈改良的腳步。直角襪自從2006年上市以

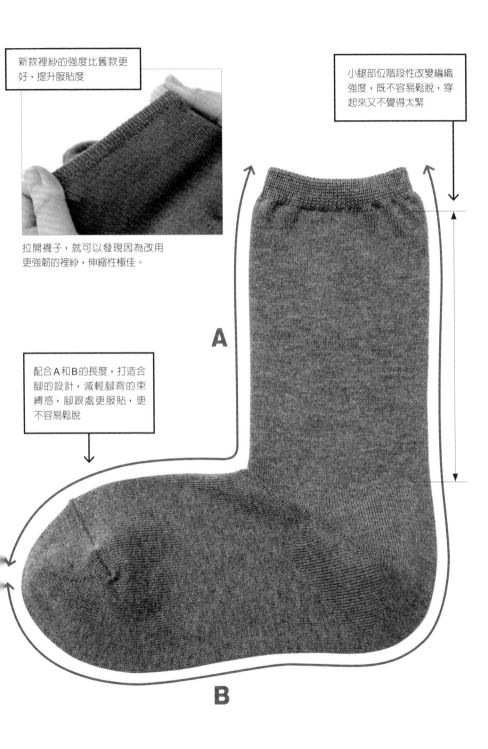

新款裡紗的強度比舊款更
好，提升服貼度

拉開襪子，就可以發現因為改用
更強韌的裡紗，伸縮性極佳。

小腿部位階段性改變編織
強度，既不容易鬆脫，穿
起來又不覺得太緊

配合A和B的長度，打造合
腳的設計，減輕腳背的束
縛感，腳跟處更服貼，更
不容易鬆脫

A

B

●「直角襪」改良史

2006年	上市
2010年	所有襪子都改為直角襪
2011年	改良
2012年	改良
2013年	改良
2015年	改良

來，經歷無數次的改良，其中較為明顯的改良共為4次，分別是在2011年、2012年、2013年與2015年。

石川和子指出，2011年為了把消費者對直角襪「不知道為什麼穿起來就是很舒適」的形象，扭轉為「好穿是有原因的」，好讓更多人接受直角襪。因此比較直角襪和非直角襪的穿著感受，把「好穿的基準」量化。調

整腳跟尺寸和鬆緊帶強度，打造更不容易鬆脫和緊繃的直角襪。

2012年時，則針對「腳形」左右不同，推出數種可分左、右腳的直角襪款。根據左右腳形編織而成，穿起來更加服貼。

第三次的大幅改良是在2013年。加強腳尖的伸縮性，避免大姆趾處破洞，延長襪子壽命。

- 捷克老奶奶手工編織的襪子帶來靈感，推出直角襪
- 直角襪大受好評，推動所有襪款「直角化」，將無印良品的所有襪子都改成直角襪
- 調整腳跟尺寸與鬆緊帶的伸縮性，襪子不易鬆脫，也不會過於緊繃
- 部份襪款做出左右腳的區隔，穿起來更合腳
- 提升腳尖處的伸縮性，大拇指處不易綻開
- 減輕腳背的束縛感，腳跟處更服貼
- 小腿部位階段性改變編織強度
- 改用強度更高的裡紗，提升服貼度
- 取消區分左右腳，無論是哪一隻腳穿起來都覺得合腳

　　最近一次改良是在2015年，一共有三項重點：第一點是調整腳背部位和腳跟處的長度，能有效減輕穿著時腳背的束縛感，腳跟處則更加服貼，不易鬆脫。

　　第二點是小腿部位階段性改變編織的強度，因此比起舊款更不易鬆脫，卻不會讓人覺得過於緊繃。第三點則是採用高強度的裡紗，提高服貼度，

無論是左腳還是右腳，穿起來都不會有異樣感。

　　石川表示：「其實襪子外觀並不會因為改良而明顯改變。平常穿著也不會發現，必須和其他襪子比較才會察覺箇中差異。儘管如此，持續改良還是非常重要。」直角襪好穿的祕密就是無印良品的哲學 ──「持續琢磨改良經典商品」。

革新素材，營業額從谷底爬升

廣受世界各地消費者喜愛的「懶骨頭沙發」，
由於大受歡迎而出現許多競爭對手。
然而無印良品對於改良從不鬆懈，營業額因而再度爬升。

無印良品2003年正式上市的「懶骨頭沙發」，因其坐起來柔軟包覆身體的舒適感而大受歡迎，更因「實在太舒服了，想坐一輩子」與「坐下去就起不來了」等評價，而有「把人變成馬鈴薯的沙發」之稱。2007年時創下賣出9萬個的紀錄，然而人氣商品經常遇上的困境，就是其他公司推出廉價的仿冒品，導致懶骨頭沙發的銷售量大幅下滑。

生活雜貨部的家具經理依田德則指出：「其他公司使用發泡倍率高的大顆粒泡棉，因此可壓低成本，推出廉價懶骨頭。」

但是，發泡倍率高的泡棉顆粒容易損壞，商品壽命不長，而且泡棉顆粒大小也會影響使用的舒適度，無印良品不可能降低商品品質，和其他廠商打價格戰。

因此無印良品將改良重點放在沙發套的織品材料。懶骨頭沙發套上下兩面是彈性材質，其他部份則是織品，不同的素材組合讓沙發可變換各式各樣的形狀與用法。

然而，上市以來卻收到許多使用者對彈性材質不滿的聲音，因為採用的彈性材質是聚氨酯，容易與汗水發生化學反應，隨著時間而劣化，再加上沙發套的洗滌頻率不像衣物那麼高，因此劣化速度便更快了。

懶骨頭沙發填充的是發泡倍率低的超微粒泡棉，不容易破損和壓扁，使用壽命長。

因為實在太舒服了，所以有「把人變成馬鈴薯的沙發」之稱

● 「懶骨頭沙發」改良史

2002年	問世	・懶骨頭沙發商品化
2003年		・正式販售
2007年		・一年賣出9萬個，創下有史以來最高紀錄
2011年	改良	・彈性材質部分從聚氨酯改為聚酯纖維
2015年	推出更多選擇	・增加丹寧布椅套 ・全年銷售數量約為25萬個（包括海外門市）
2016年	推出更多選擇	・增加棉絲光斜紋椅套

發現競賽型泳裝的材質

無印良品雖然嘗試尋找其他材質，卻發現彈性好的商品多半都含有聚氨酯，最後終於找到Toray公司為了競賽型泳裝開發的聚酯彈性纖維。

然而，實際使用此款聚酯彈性纖維製作椅套時，卻發現不容易上色的問題，經常發生顏色不均勻，直到2011年才終於研發出染色方式，正式商品化。2012年的銷售數量雖然下滑至5萬個，改良後又大受好評而熱賣。2015年時創下25萬個的銷售紀錄，一舉突破過去的佳績。

除此之外，2015年新增了丹寧色沙發套，2016年還推出棉絲光斜紋沙發套。為了強調可以自由改變形狀的特色，沙發套一直以來都是採用較薄的材質，依田德則表示：「無印良品的策略就是利用沙發套的材質，創造懶骨頭沙發的新價值。」

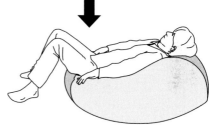

根據姿勢，選擇使用彈性
材質面或織品材質面

織品材質面向上時，沙發會
往左右延伸，適合用來睡午
覺（上圖）；彈性材質面向
上時則能徹底包裹身體，最
適合坐著看書（左圖）

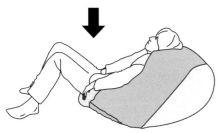

兼顧機能與美觀的大改造

2015年重新推出的新款隱形襪一共經歷四次改良，
「追求更好」的信念沒有盡頭。
相信20年後無印良品仍持續著改善。

隱形襪是一種僅包覆到腳尖和腳跟的襪款，可露出大面積腳背，穿上鞋子時幾乎看不見其存在。搭配包鞋或球鞋，腳部不會悶熱，看起來也很清爽俐落。

無印良品的「腳跟深腳背淺隱形襪」是2007年上市的長銷商品，經歷大幅度的改良，在2015年春天以「足尖寬鬆舒適不易鬆脫隱形襪」重新推出。改良重點是「更不容易滑落，穿的時候不容易痛」。

改良隱形襪的契機，來自開發部門同事間的對話。良品計畫衣物雜貨部雜貨MD開發的石川和子表示：「當我們談到隱形襪時，發現很多同事都有襪子掉在鞋子裡的煩惱。」為了做出不易鬆脫的隱形襪，2013年秋天啟動了「女用隱形襪改良專案」。

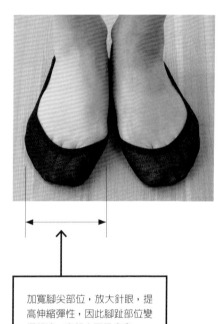

加寬腳尖部位，放大針眼，提高伸縮彈性，因此腳趾部位變得舒適，穿起來不易疼痛。

這次改良是在襪口內側加上一圈down stop紗，從任何角度都不容易鬆脫。

※ 照片中的白線即為 down stop 紗（樣品為了區分不同材質，因此使用白色 down stop 紗製作，和實際商品不同）

無印良品和製造廠商討論這個問題時，廠商指出，隱形襪容易鬆脫或移位，是因爲和皮膚的摩擦力太小，提議把容易鬆脫的部位改成摩擦力大的材質，應該就能解決問題。因此，在最容易鬆脫的腳跟處和襪子內側的部份位置，採用一種不易滑脫的 down stop 紗。藉此提高腳跟處和四周肌膚的摩擦力，以降低隱形襪套移位的可能性。

請公司內外共 56 名女性試穿試作樣品，並以問卷調查試穿心得。結果在「穿鞋子時隱形襪是否鬆脫」一題，有 71.4% 的人回答「從未鬆脫」；同時測試的普通隱形襪只有 58.9％的人回答從未鬆脫，試作品的表現明顯優於普通隱形襪。但是，對於當時正在銷售的無印良品隱形襪，回答從未鬆脫者卻多達 76.8%，也就是說，試作品雖然比普通隱形襪不易鬆脫，但卻還比不上現有商品。

經歷四次改良

爲了找出改良未臻完善之處，無印良品邀請 18 名女性使用者，針對「穿著感」和「介意的地方」等主題進行小組討論。結果發現試作品穿起來雖然舒服，「不易鬆脫」一點卻差強人意，此外還發現了「鬆緊帶勒得很痛」和「穿鞋子的時候，隱形襪露出太多」等待解決的課題。

於是，第二代試作品在襪口加上一圈 down stop 紗，挑戰所有角度都不易鬆脫的結構。由於襪口已經有了足夠的摩擦力，因此得以縮小包覆腳部的面積，帶來穿上鞋子時更不容易看到襪子的好處。

而「鬆緊帶勒得很痛」的問題，則採用加寬腳尖處和放大針眼的方式來解決，讓腳趾部位的空間變大，自然可減輕疼痛。

再度找來 60 位女性試穿，回答「從未鬆脫」和「比平常穿的隱形襪不

●「女用足尖寬鬆舒適不易鬆脫隱形襪」改良史

2007年	上市	・「腳跟深腳背淺隱形襪」上市
2011年	推出新款	・加上除臭機能，改名「女用腳跟深腳背淺隱形襪（除臭）」
2013年 春	改良	・腳背處開口加大，腳跟處加上止滑的鬆緊帶，並改變織法，讓襪子更不容易鬆脫
2013年 秋		・啟動「女用隱形襪改良專案」
2015年	推出新款	・改名「女用足尖寬鬆舒適不易鬆脫隱形襪」 ・襪口內側織入 down stop 紗，不易鬆脫，又能減緩襪口和腳尖的疼痛 ・腳尖處變寬，針眼放大，減輕緊繃所造成的疼痛

易鬆脫」的人高達97%；至於腳部疼痛的問題，回答「不覺得痛」的有91.7%；外觀方面回答「比平常穿的隱形襪更看不見」和「跟平常穿的隱形襪差不多」者合計60%。由此可知，第二代試作品的滿意度高過第一代。

接下來，石川和子和團隊成員又更進一步的做了第三次和第四次的改良，調整腳跟與某些部位過於寬鬆等細節，最後終於完成新的隱形襪。

回顧這次專案，其實舊款商品的滿意度已經很高了，但是「正因為是深受消費者喜愛的經典商品，才想持續低調改良，不論是品質還是價格，無印良品都追求能挺起胸膛說『這樣就好』的極限。」（石川）

石川表示：「無印良品今後仍會持續製造更好的商品，追求好商品是一條沒有盡頭的路。也許20年後，我們還在做一樣的事。」

無印良品的特色就是
不強迫消費者接受設計者的想法

瓷製餐具、鋁質文具、PP 檔案盒⋯⋯
像這樣，從無印良品創業以來長銷至今的商品，並非少數。
它們是怎麼來的？又將如何走下去？

加賀谷優 Masaru Kagaya ● 1949 年生，1975 年
進入 GK 工業設計研究所，1982 年獨立創業，參
與無印良品等西友原創品牌的開發。1983 年與
無印良品締結合作契約，長期協助無印良品開發
商品。　　　　　　　　　　　（攝影：丸毛　透）

2015 年舉辦的「無印良品 ―― 加
賀谷優的工作 ――」展，展覽中介
紹了加賀谷至今參與設計的無印良
品長銷商品

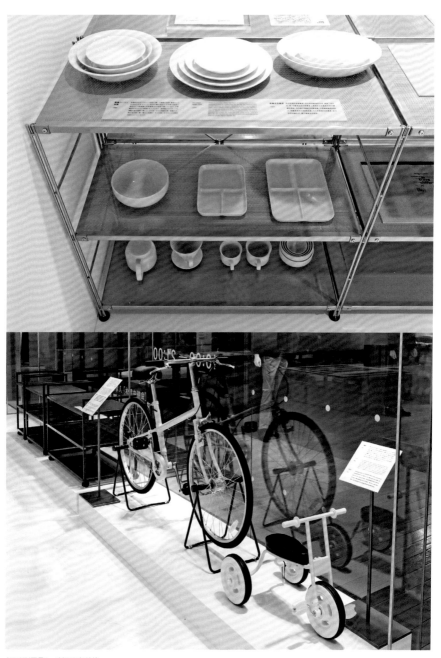

（展場攝影：藤岡直樹）

「不靠設計師的名號炒作」──這是無印良品長年貫徹的原則之一，因此很少有人知道，有位設計師從無印良品誕生以來，直至今日仍持續與無印良品合作開發商品。

原本是工業設計師，主要設計音響、光學機器與事務機器的加賀谷優，談起與無印良品合作、開始設計生活用品的契機時，提到1980年左右，朋友問他要不要和西友合作，為新的原創品牌設計產品。

由於設計生活雜貨，與他當時擅長的工業設計，是兩個截然不同的領域，「我不覺得自己做得來，於是客氣的拒絕了，而且當時我一點也不瞭解無印良品究竟是什麼。」

加賀谷優認為，他當時的工作是造成大量製造，大量消費社會的幫兇之一，並感到內疚，後來他便開始在重視設計的競爭環境中，尋找「不會讓人意識到設計者是誰的普通商品」與「不刻意的本質」。在無印良品成立3年後，1983年加賀谷終於投入了無印良品的商品開發。

「我剛加入無印良品團隊時，生活雜貨部負責商品開發的只有兩名工作人員，加上我一共才三個人。我們首先思考生活中需要什麼，接著發現排除多餘的物品之後，生活中真正所需的事物其實出乎意外的少。」因此訂定了開發商品的新標準：「不過份醒目卻很有格調」、「不會局限於單一用途」和「使用壽命長」。符合以上標準，最早達成商品化的創意是米白瓷系列餐具。

為了融入日本人習以為常，日式、西式甚至中華料理都有的家常餐桌，米白瓷系列餐具採用簡單樸素的造型，至今仍持續熱賣，並且陸續增加新品項。有消費者從30年前便開始愛用，現在還會回來添購。加賀谷優開發的商品越來越多，例如H型自行車、樸素簡約又親民的鋁質文具系列、不需要床架，因此不僅限於臥

左上：加賀谷等人最早達成商品化的「米白瓷」系列餐具，上市後持續新增品項，至今仍在各門市熱賣中。
左下：採用H型車架的自行車與三輪車。

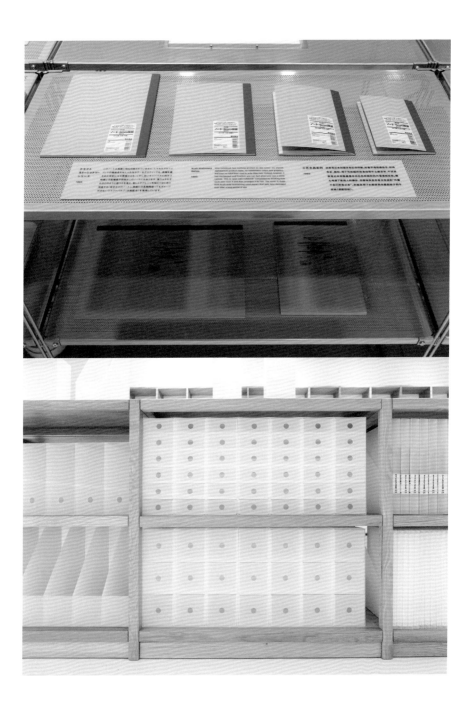

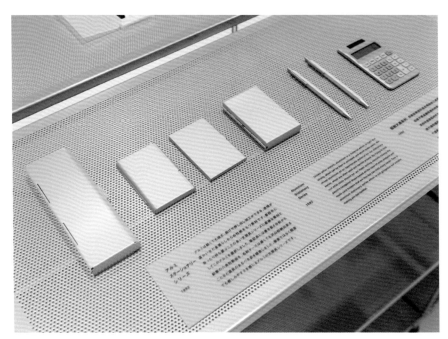

左上：無人不知，無人不曉的無印良品經典款「再生紙筆記本」。
左下：PP收納系列採用同一基準寸法，尺寸相互契合。
右上：鋁質文具系列至今依舊大受歡迎。

室，可活用於各類生活空間的附床板床墊、可視需求增加或減少零件，打造適合自己的SUS鋼製層架、採用同一基準寸法打造的PP收納系列，各種大小的收納盒彼此搭配疊放，仍可維持視覺上的簡潔。

加賀谷指出，一般開發新商品，都以「前所未有、特別嶄新」為目標，因此要找「普通的東西」反而很困難。「不過只要一進到無印良品的門市，就能找到許多普通的優質商品。」他舉例，H型自行車就是以日本堅固、樸實又實用的淑女車為師，以一支橫桿連結座墊和握把的H型車架，無論是男女老少騎乘都方便，「這就是不過分主張自我的、普通的

交通工具。」

　2015年舉辦了「無印良品 —— 加賀谷優的工作 —— 」展，從加賀谷經手開發，至今仍持續熱賣的40多種商品中，選出30種展示。

　原本規劃的展覽名稱是「私も無印良品（直譯為「我也是無印良品」）」，這裡的「我」指的並非設計師加賀谷優本人，而是每一個熱愛無印良品的使用者，甚至也包含了在工廠製作無印良品商品的職人，和在無印良品工作的每一個員工等等，所有認同無印良品想法的人，都是「我」。加賀谷提到：「我認為，長銷商品是由所有喜歡無印良品的人，一起打造而成的。」

　現在，不局限於生活雜貨領域，加賀谷也會出席家具和文具部門的設

左、中：文具類有許多長銷商品。
右：造型簡單的「自由組合層架」
和「附床板床墊」。

計會議、參與新品的提案或檢查試作
品。「我覺得參與商品的誕生過程，
非常有趣喔！」他說。

　　投入無印良品的商品開發已經超過
三十年，加賀谷優的設計目標從未改
變。「不把設計師的意圖，強行加諸
於使用者身上，用法和感想都交給消
費者決定，提出不執著物品的好感生
活。這就是無印良品的特色。」

開發新品的線索，就隱藏在混亂之中

無印良品的創意和工夫，究竟是從何而來的呢？
負起這重責大任的，正是名為「觀察法」的商品開發手法，
解決難題的線索就在生活現場。

造訪一般家庭，發現浴室裡隨意放著洗髮精和潤絲精的瓶子。由於每家廠商的瓶子形狀不一，視覺上顯得十分雜亂（本文的插圖都是根據實際拍攝的照片描繪，不過插畫與商品照片只是用以說明觀察法的例子，實際上並不是一張插畫就可以開發出一種商品）。　　　　　（繪圖：山浦のどか）

無印良品的「體察細微」，可歸功於積極實施「觀察法」。如同字面上的意思，由負責開發新品的團隊成員，前往一般家庭，實際「觀察」屋主日常中生活和使用物品的情況，發掘課題與線索，並進一步將發現轉化為商品。這種觀察法雖然有很多企業都在實踐，但是無印良品不只觀察程度遠比其他企業仔細，還制定了獨特的觀察方式。

　　例如，觀察小組的成員當中一定有設計師，搭配商品策略人員，由好幾個小組連續觀察一個月。每一組負責4到5處，每一波觀察行動總共約造訪

根據觀察結果，開發出來的補充瓶，形狀統一為方形，便於收納整齊。

25到30戶家庭。觀察之前，會先訂好主題，如「銀髮族」或「雜貨」等，並設定觀察的角度。以2015年12月的觀察為例，主題是「辦公室」，因為無印良品認為「辦公室也是生活的一部份」。

連抽屜也要打開、觀察

每個小組拜訪家庭時，會盡量多拍照。例如牆壁上掛的裝飾、架子上擺的東西，就連抽屜也會打開來看。從玄關、客廳、廚房、洗手台到浴室，家中各處都盡收相機中，每一處拍攝的照片高達3～400張。

造訪普通家庭時，有些人家中會整理得很乾淨，有些則是亂七八糟；而有些看似整理得很有條理的家中，拉開抽屜發現裡面其實一團混亂。

「就是在家裡亂七八糟的地方，才能找到開發商品的線索。探索家裡這麼亂的原由，協助屋主透過日常生活中的行為，自然而然的把家中的東西整頓得有條理，可說是開發新商品的關鍵。光是觀察乾淨漂亮的地方，沒有意義。把屋裡亂糟糟的背景和原因，視為生活者的課題，才能連結到新商品的提案。」（生活雜貨部企劃設計室長矢野直子）

怎樣才能讓生活者在不知不覺中把房子整理整齊？需要用到哪些商品？從眾多家庭的觀察結果中，彙整出不會勉強使用者、不給他們造成負擔的新商品。雖然開發商品前，會先依據主題做出市調，並將結果列入參考，

觀察時需要的不只是設計師的角度，商品策略人員也很重要

然而最重要的，還是觀察法的結果。觀察人員在觀察結束之後會馬上整理資料，花上一整天的時間，以小組為單位進行簡報，從中找出開發新品的關鍵字。

例如壁掛系列的收納家具，就根據觀察結果開發出壁掛盒、掛鉤等不同款式的單品。不管是哪一種都可以簡單固定，又不會損傷石膏板牆面（譯注：日本住宅室內牆面多為輕隔間石膏板。租屋者眾，退租時必須保持租屋完好如初，否則會扣押金）。觀察小組觀察到有些家庭會把東西隨意掛在牆面上的掛鉤，因此開發出這一系列的解決方案。

此外，洗髮精和潤絲精的補充瓶，靈感也是來自觀察結果。觀察小組發現各家廠商的洗髮精和潤絲精包裝有圓有扁，形狀各異，造成浴室收納不易。為了解決這個問題，而開發出形狀與寸法統一的方形補充瓶，讓浴室的收納變得簡單、簡潔。

觀察法實施的對象，從日本國內擴展到海外，像是香港等。外國家庭的觀察結果，除了不只是無印良品進軍國際市場的助力，也能作為日本市場的參考。

觀察小組在香港以「收納」為主題，4天內造訪20個家庭，目的就是要看看香港的一般家庭，在比日本還要狹窄的房子裡是如何整理物品的。觀察結束後，彙整出來的結果導出無印良品最新的關鍵字——「Compact Life 適切生活」。

仔細觀察每個家庭，拍攝約四百張照片

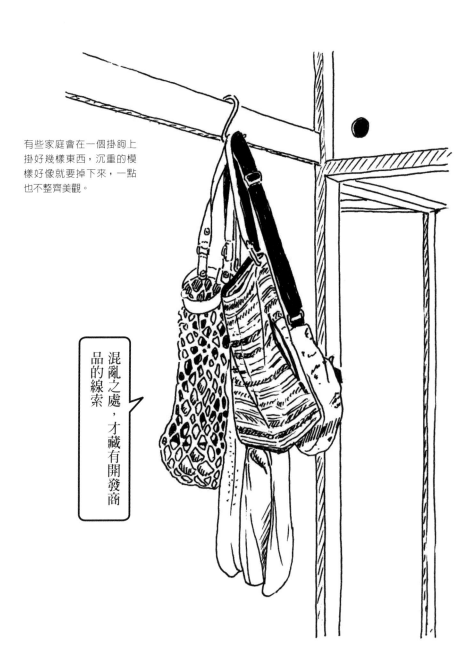

有些家庭會在一個掛鉤上掛好幾樣東西，沉重的模樣好像就要掉下來，一點也不整齊美觀。

混亂之處，才藏有開發商品的線索

運用觀察法，開發出掛在
牆面上也不顯混亂的收納
家具。

很多家庭會把東西放在牆面的架子，或吊在掛鉤上。

把小東西整齊排列得有條理。

雖然東西收納好了，視覺上卻亂七八糟，不甚美觀。

壁掛家具分為箱型與棚板，可視需求選擇。

改良經典款，全新角度重新詮釋無印良品

從「MUJI to GO」重新編輯無印良品的旅行相關商品，
可以看出無印良品堅持「持續改良經典商品」的態度。
在MUJI to GO總監藤原大眼中，無印良品究竟哪裡厲害呢？

日經設計（以下簡稱ND）：請談談您和無印良品合作的契機。

——（藤原）我從2013年開始擔任無印良品以「旅行」為主題的「MUJI to GO」總監。我以前在ISSEY MIYAKE工作時，著手製作新品前一定會做的一件事，就是思考，現在大家說的「設計思考」。像「A-POC」便是將各種不同的事物結合在一起，變成商品或服務銷售的例子。工作告一段落後，我在2008年自立門戶。無印良品注意到我以前在美術館發表的作品，於是找上門來。

我在2012年初次造訪無印良品的設計室時，覺得氣氛很居家，很有意思。當時我剛好有點子向無印良品提案，可惜沒能商品化。

（攝影：諸石　信）

藤原大（Dai Fujiwara）●生於神奈川縣。曾赴北京國立中央美術學院國畫系山水畫科深造，多摩美術大學設計系畢業。進入三宅設計事務所後，自1998年起與三宅一生合作「A-POC」專案，挑戰前所未有的服裝製作。直到2011年為止，擔任 ISSEY MIYAKE 巴黎時裝週的藝術總監，曾任職株式會社三宅設計事務所副社長等。2009年起成立藤原大設計事務所，持續在日本國內外舉辦以設計結合科學與製造的活動。2016年起擔任良品計畫總監（MUJI to GO）。

（攝影：丸毛　透）

無印良品　天神大名（福岡市）的「MUJI to GO」賣場

無印良品成立於1980年，現在已經是全球化的品牌，我覺得自己就像是和無印良品一起成長的消費者，不但持續愛用著無印良品的商品，也會站在旁觀者的角度，看著無印良品一路走來的成長點滴。無印良品的根基就是田中一光的思想，那是一種會讓人感受到故事性的存在，因此身為一個設計師，我對無印良品的設計很有共鳴。由於工作關係，我經常到國外出差，很高興在國外看到無印良品從日本出發征服全世界的模樣。

ND：請談談您眼中的無印良品是什麼樣的存在，以及「無印良品的特色」又是什麼？

── 日本企業雖然挑戰了許多新的領域，卻對日常生活的一般事物缺乏興趣，我個人覺得在這樣的氛圍下，站出來發聲的就是無印良品。無印良品懷著強烈的創作意識，在大家每天都會接觸到的居家環境中，全面性的思考日常生活，並提出集體創作，不只如此，它也創造了一個人人都買得起

所需之物的環境。

就算是日常生活隨時存在、不可或缺的普通事物，也一定有判別其好壞的標準，這個標準其實隨著時代變化。而無印良品時時注意，日常空間中的事物是否持續「有意義」。「位於生活中心」、「隨時存在」── 不斷觀察與檢討眼前的事物，並賦予它們簡約的形態，這就是無印良品反覆在做的工作。對於變化，抱持靈活應對的態度，隨時準備好面對挑戰，已經是無印良品固定的姿態。

無印良品不會因為「一般的事物引不起人注意」，也不會因為「其他公

左上、右上：MUJI to GO的「滑翔傘布旅行分類可折收納袋」，便於收納和整理行李中最佔空間的衣物，不用時可折疊收納。
左下、右下：「可水洗衣物收納袋」。

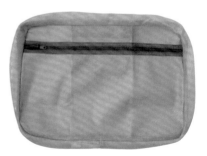

司已經在做了」，就放棄改找新的領域，而是比誰都認真執行「乍看之下任何人都做得來的事」，持續的挑戰下去。

例如無印良品很仔細觀察飯勺的形狀。世界上已經有各式各樣的飯勺，使用各種不同的材質製作，訴求容易清洗等不同特色。但是和以前相比，現在一碗飯的份量已經變少很多了，所謂適當的份量會隨著時代而改變。無印良品會注意到時代的變化，重新檢視飯勺的形狀，討論「這樣真的符合現代生活嗎」。我想沒有其他公司能像無印良品一樣，這麼認真的探究如此細微的事情。

無印良品的精神是「琢磨改良經典款商品」，能為日常生活帶來美。因此著重以親民的價格販賣優質商品，創造商品的新意義，反覆重新提案，透過時代變遷與人的成長，找出每個時代的經典商品。這是很辛苦的工作，不過無印良品也因此真的做出許多經典商品。

ND：您如何在與無印良品的合作中，表現出「無印良品的特色」呢？
—— 我和無印良品合作的第一個工作，是和團隊一起重新檢討經典商品的材質。隨著時代的變化，今天的完成品可能是明天的半成品。雖然到了明天，可能又會改變，不過無印良品的挑戰就是要創造能應付變化的最佳商品。

例如MUJI to GO在2015年使用滑翔傘布製作一系列輕巧耐用的商品，根據衣物、提包和收納袋等不同品項的特性，站在生活者的角度，用同一種材料打造更薄更輕的商品。我參與

「滑翔傘布附收納袋後背包」的材質是滑翔傘布，可以折疊得非常輕巧，便於收納攜帶。

這項工作已經兩年，透過啟用新的素材，促成各個部門相互合作。系列商品也從10種增加到20種。不過MUJI to GO的重點，不是主打品項繁多，而是希望旅人自行思考如何將無印良品的各種商品連結起來，做出最適合自己的運用。

反覆討論與旅行有關的各種思考，確立了簡單而明確的風格，例如把之前色系並不一致的行李箱和提包顏色統一，或是改變材質與形狀等等，並以此展開相關的宣傳活動。更換材質，其實是有風險的，經典款的提包和化妝包原本已經賣得很好了，MUJI to GO卻不畏懼推動重新檢視熱賣商品的挑戰型專案。

MUJI to GO的領域，不僅限於生活雜貨，也包含衣物。在無印良品內部，食物、化妝品和衣物各自隸屬不同的部門，而MUJI to GO必須橫向連結這些部門，從各部門的眾多商品中，挑出適合的商品推薦給旅人、或對旅行有興趣的人。儘管也有少許商品是專屬旅行用途，但基本上都是從既有的商品或系列中挑選出來的。

與無印良品合作的各國設計師，趁著出席米蘭家具展的機會，聚集討論接下來的工作方向，會中康斯坦丁·葛契奇提議：「可以用『旅行』這個關鍵字，來編輯無印良品的商品。」因此2008年在香港推出MUJI to GO的第一家門市，符合旅行機能的商品一應俱全。

隨著時代變遷，往來世界各地的旅人越來越多，因此擅長設計「生活」的無印良品，也很重視旅行。居家生活和出外旅行，需要的物品略有不同。我們用旅行的角度重新審視日

「可折疊聚酯纖維洋裝」也是MUJI to GO的商品之一，採用方便活動的材質，而且可以折疊收納。

常生活，便激發出了滑翔傘布系列。MUJI to GO 可以說是無印良品提出旅行方案的場域。

從旅行的角度來看平常使用的生活用品，可以發現不一樣的需求，誕生新的提案。例如滑翔傘布做的「可水洗衣物收納袋」便是其中一個例子。靈感來自於「旅行回到家後，要是裝滿髒衣服的收納袋可以整包丟進洗衣機裡就好了」的想法，把思考的優先順序從日常生活轉移到旅行上，好用的標準便會稍微改變。這就是所謂的「整合日常生活與旅行」吧！

ND：您受到無印良品哪些影響呢？共事後有什麼感想呢？

—— 結合不同的專業領域，團隊一起設計很重要。團隊工作從彙整調查結果到打造試作品，中間也包含了許多溝通。能貫徹這些工作的公司並不多。把想法化為商品的過程非常費時，因此我認為，站在不同角度，反覆思考同一件事的態度，十分重要。

另外，在無印良品，是「大家一起來思考吧！」沒有特別意識，是做不到這點的。無印良品的工作人員可說是消費者代表，在家中也會實際使用在店頭販賣的商品。社長和會長的指示很明確，我能感受到團隊的所有成員的應對非常迅速。

無印良品是一家有大量商品要管理的製造商，同時還努力找出潛藏於日常生活的變化，持續成長。雖然很花工夫，但也造就了很有溫度的商品和氛圍。我受邀在這個專案的起點加入團隊，也想一起努力到最後，我很享受這樣的設計工作。

「微粒貼身靠枕／附帽」在飛機上睡覺很方便，帽子不用可以收起來。

第
3
章

進化 **3**
旗艦店的設計

門市寬敞的空間
是無印良品用來表達
價值觀跟思想的空白畫布。
門市的設計也
持續不斷進化中。

無印良品的一切都從這裡出發

從以前到現在，無印良品有樂町
一直都是旗艦店中的旗艦店。
以最完美的狀態呈現最尖端的嘗試。

2015年9月重新開幕的「無印良品有樂町」（以下簡稱有樂町店）是無印良品海內外所有門市中營業額最高、賣場佔地面積最廣的世界最大旗艦店。目前無印良品共有三家世界旗艦店，分別是有樂町店和位於中國成都與上海的二家門市。無印良品在各個國家設立的旗艦店，都是以有樂町店為基礎。各地大型門市採用的銷售手法與服務，也會先在有樂町店實施後，再推廣到世界26個國家與地區，一共700多家門市中。如同製造業有所謂的「母廠」，有樂町店的定位，就是無印良品所有門市的「母店」。

有樂町店的賣場面積約為3,680平方公尺。雖然重新開幕後，賣場面積並未改變，來客數與客單價都提高了一成，而且營業額提高，並非特定商品銷售情況特別好，而是所有商品都賣得比以前更好。良品計畫的業務改

書籍的陳列方式，是無印良品有樂町的特色之
一。位於一樓的「MUJI to GO」區也有書櫃，
陳列旅遊類的書籍。

Tokyo

先在其他門市設置的「MUJI BOOKS」，到有樂町店做更進一步的嘗試，例如利用書架串連不同部門的商品。

革部長門池直樹認為是「至今累積的策略都清楚傳遞給顧客，因而帶動買氣。」良品計畫自2015年2月會計年度實施到2017年2月，為期3年的中期經營計畫是以「優質商品」、「優質環境」、「優質資訊」的三大主軸，推行門市改革。目標是打造充滿「發現與線索」的賣場，在各大型門市挑戰新的視覺化陳列策略，例如強調貨色齊全的高貨架，或是利用「框架」區隔家具賣場空間，營造宛如實際居家空間的環境等等。有樂町店消化各門市的視覺化陳列策略後，具體呈現出最佳狀態，就連貨架也是經過微調後才引進的最新型。重新開幕的有樂町店，可以說是無印良品現階段最完美的門市。

延長顧客的停留時間

有樂町店挑戰的新嘗試，就是打造商品與書籍交錯的賣場。位於福岡市的都會型大型門市「MUJI Canal City 博多」中，設有藏書量高達三萬本的「MUJI BOOKS」，而有樂町店則更進一步，將二萬本書籍散佈在門市各處，藉由書籍串聯起各類商品，加強提供「生活中的新發現與線索」。顧客沿著書櫃自然會走遍整個賣場。停留時間隨之變長，因而帶動顧客消費。名為「書龍」的巨大書櫃，屹立於賣場的景象，令人印象深刻。

顧客停留在門市的時間雖然變長，每位員工平均接待的顧客人數增多，但是透過視覺化陳列策略，讓商品的價值一目瞭然，並且強化待客技術，無印良品不需要配置更多人力，也不會增加店員的工作負擔。

有樂町店特別加強的，是居住空間區。除了販售家具之外，也提供一般住宅的改造與施工服務，分別名為「MUJI INFIL 0」和「MUJI INFILL +」。負責改造與收納諮詢的家具配置顧問也長期駐店。門池直樹指出：「這是無印良品首度正式在門市提供改造的服務。」

2017年2月起是下一個中期經營計畫的開始，對此門池表示：「下一個重要主題是在地化。如何將在地化推廣到賣場面積不大的小型門市，也是課題之一。」

二樓書架的一部份。名為「書龍」的書櫃，串連起店裡的各個賣場。負責設計書櫃的是建築設計事務所「Atelier Bow-Wow」。

由松岡正剛擔任所長的編輯工學研究所協助選書。書籍的陳列方式會配合商品宣傳期而變更，每個月重新檢視一次書種，並更換選書。

三樓的「MUJI INFIL+」還展示了使用無印良品商品打造而成的廚房。

家具賣場利用框架，區隔
出客廳和餐廳等空間，提
出各種空間配置的建議。

高 2,200mm 和 2,400mm 的貨架，除了展現豐富的商品品項之外，還能有效管理庫存，防止現場商品缺貨。把商品放在拿不到的高處，賞心悅目的陳列方式，是大型門市才有的特色。

誕生於第五大道的美國旗艦店

美國，是無印良品繼中國之後第二重要的海外市場，
無印良品在美國的旗艦店就設立於紐約的第五大道，
毫無保留展現無印良品的價值觀。

門市所在地是24層樓高的大樓，屋齡90
年，原本是銀行。雖然位於第五大道，卻散
發著日常生活的氣息。

MUJI 第五大道店內張貼的巨大海報上，印
的是象徵紐約的天際線。前方陳列的是懶骨
頭沙發，活用羊毛的質感佈置，營造自然派
的形象。

MUJI第五大道（以下簡稱第五大道店）位於紐約第五大道40街和41街之間，是曼哈頓相當不錯的地段。正前方是橫跨兩個街區的紐約公共圖書館，從隔壁的42街分別往東、西走，不遠處便是中央車站和時代廣場。沿著第五大道稍微往北走，是國際知名品牌林立的區域，但是第五大道店一帶，沒有那麼奢華，略帶知性、散發閒適的日常氣息，能讓人放鬆心情，悠閒漫步。

2015年11月，無印良品的美國第11

家門市、同時也是定位為美國旗鑑店的「第五大道店」在此開幕。

　背對著紐約公共圖書館，步入第五大道店，右手邊是寬敞的展示區，隨意排放了大受歡迎的「懶骨頭沙發」。懶骨頭沙發在日本也經常缺貨，直到擴大生產線才終於引進美國。賣場包含地上一層樓與地下一層樓，面積合計為1,100平方公尺，是美國佔地最大的門市，展售無印良品7,000種商品當中的4,000種。

　門市中特別值得注目的是位於一樓中央的「香氛工房」，ㄇ字型櫃檯除了全世界賣得最好的超音波芬香噴霧器，還有專家常駐，運用48種香氛，依照顧客的喜好調配專屬的味道。

　這種自然而然的客製化服務，也是第五大道店的特色。「客製化」與「個人化」服務在美國往往價格不斐，一般服裝店甚至連修改褲長的服務都很少提供，而第五大道店除了保持美式的友善待客外，也提供日式的貼心服務，滿足顧客的需求。

　地下賣場的天花板高達3.5公尺，有足夠的空間來陳列商品，使用的架子和桌子多半是來自紐約市內或近郊的二手家具，隨性營造手作感。第五大道店在專案啟動一年半之後才開幕，為了強調品牌，以及無印良品和其他大型精品店的差異，這麼大規模的門市實屬必要。

　在生活風格設計領域極有影響力的

「Found MUJI」區介紹無印良品在世界各地發現的生活用品。開幕當時介紹的是巴斯克地區的織品、陶器、玻璃用品和貝雷帽等等，同時也陳列了紐約布魯克林區知名咖啡店「CAFE GRUMPY」烘焙的咖啡豆。

雜誌《Wallpaper》對第五大道店的店裝，頗有好評：「裸露的紅磚牆、木頭貨架和位於店裡各處的植物，與烤土司機、電鍋和行李箱等合理簡約的生活用品，形成強烈的對比，店內滿溢溫暖開放的氣氛。」

提供輕鬆體驗客製香氛服
務的「香氛工房」在紐約
大受歡迎。除此之外，還
提供刺繡和蓋章服務，刺
繡區陳列的目錄中有300
種文字與圖案。只要支付3
美元，就能為購買的衣
物、拖鞋和布包增添小小
的刺繡裝飾。

「MUJI to GO」區除了一般的行李箱,還陳列了三種紐約限定顏色(橘色、黃色和天空藍)。第五大道店所在的24層高大樓,內裝採用一般高樓大廈少見的磚砌牆,店裝直接沿用,很符合自然派企業的形象。

圖為首度引進美國的園藝區，陳列了耐乾燥，無須費心照顧的多肉植物等4種尺寸的觀葉植物。這些植物最適合喜歡綠意卻沒有多餘的心力，容易疏於照顧的紐約客。

無印良品首次將童裝引進美國，使用天然材質、縫工細緻和簡單可愛的圖案是「日本」品牌的保證。

凡事皆是「首次引進中國」！

無印良品三家世界旗艦店之一，
上海是中國最大的市場，
在此可以看見許多首次引進中國的嘗試。

Shang

一進入「無印良品　上海淮海755」，就可以看到一艘讓人印象深刻的古老木船。這艘船真的在海上航行過，無印良品將其回收再利用。船四周陳列了最能展現無印良品設計概念的商品，讓人聯想起「一般」、「再利用」和「生活」等各種形象。

hai

上海淮海755店位於中國商貿流通業龍頭
「百聯集團」旗下的百貨公司中，開幕後連
日大排長龍。

　　2015年12月，良品計畫在上海市中
心的大型門市「無印良品　上海淮海
755」（以下簡稱上海淮海755店）開
幕了，和全世界賣場面積最大的有樂
町店、中國最大的「無印良品　成都
遠洋太古里」（成都市）並列爲「世
界旗艦店」。

　　上海淮海755店位於國際品牌林立
的地區，氣氛就像日本的銀座。門市
坐落於該區正中央的百貨公司一到三

樓，賣場面積約2,790平方公尺。自開幕以來，天天門庭若市，甚至必須限制進場人數。營業額也超過有樂町店，創下無印良品有史以來最高的紀錄。

無印良品認為，上海是中國最先進和成熟的都市，應能理解無印良品的價值觀和設計理念，因此毫不保留的投入一切服務和商品，比起前一年開幕的成都店，增加了不少「首次引進中國」的嘗試。

「MUJI BOOKS」首度進入中國門市

家具賣場設有回答顧客疑問與諮詢的櫃台，也是中國最早開始提供訂製家具服務的門市。雖然提供訂製的只有部份款式的木頭桌椅，但是可以依照顧客的需求調整尺寸。由於生活雜貨在中國門市的營業額佔的比例不高，為了提升營業額，便更傾力推廣家具等商品。全中國只有11名家具配置顧問，其中有3位就在上海淮海755店，高達四分之一的比例，可見無印良品的意圖與決心。

「MUJI BOOKS」也是首次引進中國門市。書籍約有6～7000種，總數約2.5～3萬本，從選書也可看出無印良品的思想和價值觀，透過書籍的內容，還可推廣無印良品的商品帶來的豐富生活。

無印良品的另一個主題是「在地化」，因此會積極與門市所在地的創意工作者合作，或是活用當地的產品。上海淮海755店中設有「Open MUJI」，旨在為當地創意工作者、產品與無印良品的顧客做出連結，這也是「Open MUJI」首度引進中國。

除此之外，首次引進中國的還有「ReMUJI」和「香氛工房」。ReMUJI是將製造和販賣衣物的過程中，多餘的庫存商品重新染色，賦予新的價值，再次上架銷售。另一方面，在日本大受歡迎的香氛工房來到中國之後，不是由工作人員調製香氛來販售，而是改為向顧客建議多種相襯的香氛，顧客購買喜歡的香氛之後，回家自行調配。

上海淮海755店開幕的準備工作，由各國法人派員前來支援，同時學習該店的視覺化陳列（VMD）策略，東亞事業部中國業務部長田中信孝指出，各國工作人員在此接觸最新的視覺化陳列策略，回到原單位後回饋給所屬門市，正是這個安排的目的。

位於二樓家具賣場的諮詢櫃
台。三位家具配置顧問在此
待命，接受顧客與室內佈置
相關的諮詢。

除了「MUJI BOOKS」，賣
場各處都可見書籍，日本
等外文書籍約佔了三成，
也有當地的珍本系列。

「Open MUJI」也是首次引進中國，這是一個提供當地資訊，促進在地創作者與顧客交流的活動空間。

「ReMUJI」是藉由重新染色為商品帶來第二春。已經在日本的無印良品有樂町和天神大名引進，在中國則是首度嘗試。

「MUJI YOURSELF」在消費者購入商品上，提供刺繡或蓋章的服務，也非常受到歡迎。開幕當時印章台附近擠滿了親子顧客，形成人牆。

第4章

World Designers

無印良品從不打著設計師的名號，
拉抬自家商品。
以下就請三位和無印良品合作已久的
世界級設計大師來談談
他們眼中的無印良品。

設計時經常自問「MUJI究竟是什麼？」

世界級設計師康斯坦丁・葛契奇
以外部人員身分，參與無印良品的商品開發，
十多年來共同思考與追求MUJI風格。

日經設計（以下簡稱ND）：請談談您與無印良品合作的緣由。

——（葛契奇）我記得是2000年代初期，一位曾經和MUJI共事的設計師朋友介紹我來東京，和MUJI的人見面。當時為了促進彼此認識歐洲與日本的不同，深入了解雙方的價值觀，召開了類似工作坊那樣的會議，一邊看著型錄，一邊挑出「這個很有MUJI風格」和「這個不太像MUJI喔」。正式開始合作之前，就花上一星期的時間舉辦工作坊，其實是很稀奇的事。

ND：和無印良品合作之前，您對無印良品有什麼樣的印象呢？

——1991年MUJI第一次在倫敦展店時，我正好住在倫敦，馬上就感覺到MUJI的簡約、低調、耐用和環保，但是越想探究MUJI，越會發現難度很高。我問了金井（政明，現任會長）先生MUJI究竟是什麼，他回答我因人而異。MUJI不是固定的概念，而是開放流動的，我認為這是一種非常嶄新的想法。

康斯坦丁・葛契奇（Konstantin Grcic）●1965年生於德國慕尼黑。於英國的約翰梅克比斯學校（John Makepeace School）學習如何製造家具後，進入皇家藝術學院（Royal College of Art）就學。1991年在慕尼黑成立Konstantin Grcic Industiral Design（簡稱KGID），合作對象包括無印良品、Authentics、Flos、Magisc和Vitra等等。

Konstantin Grcic

ND：對您來說，無印良品的魅力是什麼呢？

——MUJI最吸引我的，就是提供人類生活所需的各種物品，從食物到家具，應有盡有。我自己也很喜歡用MUJI的商品，例如筆記本、筆、T恤和牛仔褲等等。MUJI的海外門市很多，對在柏林和慕尼黑都有事務所的我來說，購買方便也是魅力之一。

ND：您設計無印良品的商品時，如何表現「無印良品的特色」呢？

——MUJI，換句話說是「無地」（譯注：無地是日文的素色之意，發音和MUJI相同），也就是沒有裝飾的品牌，無法用一句話說清楚它的定義，對它的看法也因人而異，各有不同。雖然在設計的層面，我經常提出各種建議，不過還是時時與MUJI的工作人員一邊討論一邊構思。開發商品時，我總是繃緊神經，懷抱著「明明很清楚概念，但可能不小心誤解」的心情，小心謹慎，反覆討論，最後才能做出商品。

MUJI HUT（試作品）（商品照片提供：良品計畫）

聚酯纖維附雙面按扣識別加掛長傘

「MUJI的商品都是匿名設計，然而如同這把傘一樣，只是開一個洞，就能看出是MUJI的商品。圖中的示範是掛上紅色的標籤，消費者可以自由選擇吊飾，想怎麼用都可以。靈感來自日本人總是在手機上掛吊飾的習慣，和MUJI的工作人員反覆討論之後完成這項商品。」

ND：您認為無印良品為什麼會受到日本以外的消費者喜愛呢？

—— 在新的生活型態不斷出現，日常節奏時時改變的時代中，MUJI的商品卻永恆不變。只要去到MUJI的門市，需要的東西永遠一應俱全。MUJI的商品乍看之下很樸素，品質卻很有保證。當消費者明白這點，就會更加信任MUJI。

ND：您受到無印良品哪些影響呢？

—— 基本上我的工作方式並未受到影響，但是MUJI讓我更深入了解日本，也從共事的日本人身上學到很多。從這角度來看，我說不定受到MUJI很大的影響。雖然有人批評MUJI從不主打設計師是誰，然而我毫不介意。MUJI的商品是不用在意設計師是誰就能買的。因為是MUJI，所以

積層合板椅

「MUJI其中一項設計概念是『八分滿』，也就是品質不變，整體份量調整為八成。設計時雖然縮小了椅子所佔的空間，「品質卻並未下降。我的作法把椅背變窄，以減少體積，另一方面加高椅背，即能確保使用時的舒適度。」

我無所謂，我設計時的概念只要跟我合作的工作人員明白就好。

ND：今後您還打算跟無印良品合作打造哪些商品呢？

—— 我和MUJI的合作，可以分成三個大的面向：

首先MUJI的商品橫跨小型雜貨到大型家具，今後我還想繼續和MUJI合作類似「MUJI HUT」的大型專案，也想在至今合作的生活用品領域中，設計一些不一樣的品項。設計的同時，一邊問自己MUJI究竟是什麼？我總是能在和MUJI的工作人員

MUJI Thonet
鋼管書桌
鋼管椅

「這是運用德國家具製造商Thonet加工彎曲鋼管的技術打造出來的書桌椅。我和二名Thonet的工作人員、一名英國MUJI的工作人員，一起在當地研究過去的資料，重新為MUJI設計。MUJI的特色不是從零開始設計全新的商品，而是把現有的商品改良為適合現代生活的型態。這個設計促使大眾重新思考把長時間使用的優質家具傳承給下一代的意義。」

對話中，發現新的點子。從對話中找到設計概念和抽象的想法，最後轉化為具體的商品。對MUJI來說，和外部設計師合作也是有意義的。

只靠內部的專屬設計師，難免會有注意不到的地方，為了提出、接收各種不同面向的想法，從中探尋新的可能性，所以MUJI和我們這些外國設計師合作。舉例來說，從「如果MUJI不是日本品牌，而是其他國家的品牌，會做出什麼樣的商品呢？」的假設中，好像也能找到新商品的點子。我希望能在反覆討論中，發掘MUJI的魅力，並且持續合作新的專案。

鋼製鞋架
鋼製傘架

「這個系列是以『Compact Life』為主題所設計，開發的是比起桌椅等大型家具更為貼近生活的家具。組裝式的設計，不只可以節省空間，還能讓消費者在店頭看到時就能馬上帶回家，所以採用徒手就能搬運的包裝，包裝本身必須扁平輕便。鞋子擺在鞋架上時，不會過度顯眼，讓人注意到鋼架的存在。傘架的形狀簡單，不只可以用來掛摺疊傘，還能單手移動，在室內也能輕鬆搬運。

這些都是存在若隱若現，不會喧賓奪主的設計。美，是生活中不可或缺的要素，而且必須是打從心底湧現的感覺。我的設計目標是不會破壞生活中的美。」

MUJI 的設計像是人生的一部份

住在英國的山姆・赫克特也是無印良品合作的世界級設計師之一，
至目前為止為無印良品設計了超過一百種商品。
這次專訪請他談談蘋果公司與無印良品的有什麼不同。

日經設計（以下簡稱ND）：請談談您與無印良品合作的緣由。

——（赫克特）我第一次看到MUJI是在倫敦的利伯提（Liberty）百貨公司。利伯提百貨是成立於1875年的老店，販賣高品質的商品。1991年MUJI在利伯提百貨裡展櫃，我到賣場去看過，覺得MUJI相當注重設計，也很有責任感。

另一個印象很深刻的體驗，是和當時的上司深澤直人先生一起造訪位於東京外苑前的大型門市。當我走進杉本貴志先生設計的門市時，再次感受到「不管是在加州或是世界其他任何地方都找不到這種設計概念的店」。怎麼說呢？因為當時人們的消費行為和MUJI的主張正好相反。東西用壞

了就丟，品牌重於一切。在那樣的時代背景下，我在逆流而行的MUJI中強烈感受到哲學般的理念。

那個時代的作法，我聽說MUJI的人直接去工廠，請對方「什麼圖案都不要印」「就這樣賣給我們吧！」買下沒有印刷的素淨馬克杯當作商品；廣告也完全不強調「快來買」，而是訴求商品的「本質」。除此之外，當我得知MUJI成立初期沒有和任何知名設計師合作時，非常驚訝。

山姆・赫克特（Sam Hecht）●1969年生於倫敦，1993年畢業於皇家藝術學院。進入IDEO工作後，於2002年與金・克林（Kim Colin）共同設立 Industrial Facility。合作對象除了無印良品外，還包括YAMAHA、ISSEY MIYAKE、Herman Miller等國際品牌。

Sam Hecht

（攝影：行友重治）

夾板床（已停產）

（商品照片提供：Industrial Facility）

夾板單人沙發椅（已停產）

電話（已停產）

　　1999年我回到倫敦之後，因爲金井政明先生（現任會長）也來倫敦，而有機會與他談話。當時他正在尋找個性強烈，卻不會過分表現的設計師。他來到我家時，我已經是重度的MUJI迷，家裡的氣氛也和MUJI很像，他與工作人員都嚇了一跳。無論是站在設計師或是顧客的立場，我都非常熱愛MUJI，因此開啓我和MUJI的合作。

ND：對您來說無印良品是什麼樣的存在呢？您認爲「無印良品的特色」是什麼？

　　── 我和MUJI合作的第一個案子是2003年推出的沙發和床。設計時想像MUJI的源頭，用夾板做出簡樸的造

電風扇（已停產）　　　　　　　　咖啡機（已停產）

型，雖然現在已經停產，我家還在繼
續使用（笑）。簡而言之，我和MUJI
的合作是從生活中不可欠缺，非常基
本的家具開始。

　獲得iF產品設計獎（iF design award）
的電話、咖啡機和電風扇等家電用
品，也是我設計的。當時我設計的概
念是MUJI的商品要和四周的生活物

品對話，MUJI的商品並非單獨存在，
而要和周遭的物品構成協調的關係。
人們真實的生活不是像型錄或商品手
冊般空無一物，所以必須講究各種物
品的對話或和平共存。所有事物都不
可能單獨存在，必定是存在於和其他
物品的關係 —— 也就是文脈當中。

　從這個的想法中，延伸而出「MUJI

山姆・赫克特和日本的大學合作，積極培養設計領域的後進。照片中是京都工藝纖維大學KYOTO Design Lab的工作坊。 （攝影：行友重治）

City in a Bag

「我負責過木頭玩具。歐洲很重視聖誕節，對於零售業來說是不可放過的商機，因此必須推出專為歐洲市場設計的商品。這是2003年的『City in a Bag』系列，把建築物做成木頭積木。MUJI的歐洲門市都位於大都市的中心，因此積木組合中包括了現代建築和古蹟等各地城市的地標。銷售成績非常好，銷售地區擴大到歐洲以外的世界各地，還反攻日本。這個系列很受歡迎，之後還推出了好幾次。由我的同事松本一平規劃的設計概要，造就了這一系列商品的人氣。」（部分商品已停產）

語言」的概念。在這之前的MUJI，可以說只是消弭了「品牌」，在深澤先生和原研哉先生的領導下，走向了下一步。換句話說，商品開始出現看得出「這是MUJI」的一致風格，最重要的是MUJI語言沒有明確的定義，會和時代一起改變，逐漸自我革新。

這點和蘋果公司正好相反，二家公司經常拿來做比較。蘋果公司嚴謹的定義了設計語言，有自成一格的設計指南跟品牌基準，蘋果公司的設計規範當然很有魅力。而MUJI雖然有基本的設計哲學，卻沒有明確的原則。因為沒有細部的規定，要求不可以做這做那，所以MUJI的商品看起來莫名的有MUJI的風格，完全是一種感覺。

因此打造新的MUJI商品時，要和想法相同的人共事才行。由於每個人的背景都不盡相同，今後MUJI必須大量培養或找出具有相同感覺的人。

我和MUJI合作沒多久之後，賈斯伯‧莫里森、康斯坦丁‧葛契奇以及已經過世的詹姆斯‧歐文（James

廁所清潔刷組（刷＋筒）、
廁所垃圾桶

「我為無印良品設計的商品中，最喜歡
的是 2007 年的『廁所清潔刷組（刷＋
筒）』。價格很親民，並不是那種強調
是我設計的『設計師商品』。無論是居
家、餐廳還是辦公室都能使用，我很高
興自己設計的商品能廣泛的被使用。上
市十年以來，一直很受歡迎。選馬桶刷
作為最喜歡的作品，似乎很奇怪，然而
大受歡迎就是最好的證明。把設計椅子
的技術和考量，用在馬桶刷等日常生活
用品上，所以可以獲得消費者熱烈的支
持。」

Irvine）等世界知名設計師，也都加入MUJI商品設計的行列。我們都是同世代，知道彼此，卻並非特別熟稔。然而透過一起合作，了解了「MUJI重視的是什麼」，因此思考的基準也越來越相近。

我設計了2006年上市的咖啡機、2009年推出的防沫型收音機和文具等等，尤其是「再生紙護照筆記本」更是成爲熱賣商品。此時MUJI已經確立了生活雜貨的標準，持續製造生活所需，甚至可說是「沒有它就活下去」的商品。

ND：您受到無印良品哪些影響呢？

──MUJI和其他公司不同，是有自家門市的零售業，因此決策速度非常迅速。只要決定好點子，馬上開始討論材質和價格，從不浪費時間和成本。如果是其他公司，這些問題只會在更晚的階段才討論。

此外，MUJI每年會在東京東池袋的總公司舉辦二次發表會，展示當季的所有新商品。公司整體活動一覽無遺也是不同於其他公司的特點。會場充滿歡樂的氣氛與樂觀主義，簡單呈現公司今後的走向。不少公司往往造訪了總公司，也還是搞不清楚他們的事業內容。

每次參觀MUJI的發表會，我總是深切感覺到設計的力量。所謂「設計的力量」，指的並不是設計很特別，而是人生的一部份。許多公司經常摸索尋找新的事物，MUJI則是和設計師、工廠長期合作，建立良好的關係，這當中也隱含了MUJI的價值觀。

MUJI的設計毫不簡單

無印良品雖然不是主打設計師的品牌，
但是商品其實都是世界級大師的作品。
其中一位設計師 —— 賈斯伯・莫里森盛讚：「MUJI的設計毫不簡單。」

日經設計（以下簡稱ND）：請談談您與無印良品合作的緣由。

——（莫里森）那已經是很久以前的事情了，所以我記得不是很清楚，不過應該是我為了在AXIS Gallery舉辦的展覽而來日本時，和時任生活雜貨部長的金井政明先生等人見了面。MUJI當時已經在倫敦推出海外的第一家門市，我從開幕以來便經常去光顧，因此對這個品牌很熟悉。

ND：和無印良品合作之前，您對無印良品有什麼樣的印象呢？

——我第一次造訪位於倫敦的門市時，一眼就迷上了MUJI簡單抽象的商品，充滿魅力，是當時倫敦所缺乏的風格。那應該是1991年的事了。

ND：對您來說，無印良品的魅力是什麼呢？站在設計師與生活者的角度）

——世界上充滿各種市場行銷手法，而MUJI在購物上最吸引人的，莫過於樸實簡約的商品線，這是其他品牌或是刺激性的手法所缺乏的。前幾天我去了德國的科隆，剛好下著雨。正當我在尋找那附近有沒有MUJI時，就找到一家，於是買了一件雨衣。因

賈斯伯・莫里森（Jasper Morrison）
●1959年生於倫敦。皇家藝術學院畢業後，1986年於倫敦設立設計事務所。2005年與深澤直人開始Super Normal專案。設計領域廣泛，合作對象盡是Magis、Vitra和Alessi等一流企業。

Jasper Morrison

（攝影：Suki Dhanda）

「不鏽鋼鋁全面三層
兩手鍋 / 附鍋蓋」

為我知道，如果是MUJI，一定能找到很普通的雨衣，品質不錯、設計簡單，而且價格合宜。在這個年頭，你不覺得這些特色很稀奇嗎？

ND：您認為無印良品為什麼會受到日本以外的消費者喜愛呢？

——理由就是我剛剛說的那些，MUJI的商品值得信賴，各方面都恰到好處。去其他店家買東西時，常常覺得在浪費時間。

ND：您設計無印良品的商品時，如

何表現「無印良品的特色」呢？

——設計MUJI的商品並不簡單。舉例來說，其他客戶的設計流程和MUJI就完全不同，我必須站在MUJI的角度思考，除了在設計中加上一定程度的MUJI風格之外，還必須徹底刪除多餘的部份，創造超乎我想像的簡約。我設計其他公司的商品時，大概有八到九成提案會通過，跟MUJI提案的成功率大約只有五成。

ND：您受到無印良品哪些影響呢？

——透過設計MUJI的商品，我學會

「不鏽鋼鋁全面三層　牛奶鍋、
單手鍋/附鍋蓋」　　　　　　　　　　　　　　（商品照片提供：Jasper Morrison Ltd.）

腳踏實地的思考。這在工作時非常重
要，也連結個人的成就感。MUJI商品
定位是單純強調性價比，不像一般設
計業界，往往會扭曲了物品便利的本
質。看到自己設計的商品上架，一一
被消費者買走，非常有成就感。

ND：您今後還想和無印良品合作打
造哪些商品呢？
——這真是個好問題。我想設計更多
餐桌用品和廚房用品等，與餐廚相關
的商品。設計鞋子也不錯。MUJI「限
定」椅之類的企劃也很好。

※ 本篇文章是書面專訪後編輯答覆而成。

「**18-8**不鏽鋼餐叉」等
餐具系列

白色壁鐘（已停產）

左：「TAXI手錶（金屬錶帶）」
右：「廚房計時器」（已停產）

左：「橡木餐桌」等家具
右：「橡木餐椅」

生活風格 089

不妥協的設計
無印良品的適切生活提案
無印良品のデザイン 2

編　者 —— 日經設計
譯　者 —— 陳令嫻

總編輯 —— 湯皓全
副總編輯 —— 周思芸
責任編輯 —— 李依蒔
封面設計 —— 三人制創

出版者 —— 遠見天下文化出版股份有限公司
創辦人 —— 高希均、王力行
遠見・天下文化・事業群　董事長 —— 高希均
事業群發行人／CEO —— 王力行
天下文化社長／總經理 —— 林天來
版權部協理 —— 張紫蘭
法律顧問 —— 理律法律事務所陳長文律師
著作權顧問 —— 魏啟翔律師
社址 —— 台北市 104 松江路 93 巷 1 號 2 樓
讀者服務專線 ——（02）2662-0012
傳　真 ——（02）2662-0007；2662-0009
電子信箱 —— cwpc@cwgv.com.tw
直接郵撥帳號 —— 1326703-6 號　遠見天下文化出版股份有限公司

電腦排版 —— 立全電腦印前排版有限公司
製版廠 —— 東豪印刷事業有限公司
印刷廠 —— 立龍藝術印刷股份有限公司
裝訂廠 —— 聿成裝訂股份有限公司
登記證 —— 局版台業字第 2517 號
總經銷 —— 大和書報圖書股份有限公司　電話／（02)8990-2588
出版日期 —— 2017 年 9 月 29 日第一版
　　　　　　2017 年 10 月 24 日第一版第 2 次印行

國家圖書館出版品預行編目(CIP)資料

不妥協的設計：無印良品的適切生活提案 / 日經
設計編；陳令嫻譯. -- 第一版. -- 臺北市：遠見天下
文化, 2017.09
　　面；　公分. --（生活風格；BLF089)
譯自：無印良品のデザイン 2
ISBN 978-986-479-308-2(平裝)

1.無印良品公司 2.設計管理 3.企業管理

494　　　　　　　　　　　　　106016542

定價 —— 360 元
ISBN —— 978-986-479-308-2
書號 —— BLF089
天下文化書坊 —— bookzone.cwgv.com.tw

天下·文化 **35** 週年
Believe in Reading 相 信 閱 讀